GERD LUDWIG

meine
Ratte

INHALT

1 Das ist typisch Ratte

2 Wie Ratten leben wollen

Kennenlernen und eingewöhnen

3

Das beste Futter für Ihre Ratten

4

5 Pflegen und gesund erhalten

6 Lernen, spielen und beschäftigen

Fortpflanzung und Aufzucht

Was tun, wenn es Probleme gibt?

Anhang

Mit Poster: So geht's uns rundum gut!

Das ist typisch Ratte

Ratten verfügen über eine Vielzahl von Verhaltensstrategien, mit denen sie sich in nahezu jeder Lebenssituation behaupten. Schon immer haben sie dabei auch die Nähe des Menschen gesucht.

1

Weltbürger und Anpassungskünstler

Ratten sind neugierig, gewitzt, widerstandsfähig und vermehrungsfreudig. Im Rudel fühlen sie sich sicher: man geht gemeinsam auf Futtersuche und setzt sich gegen Eindringlinge zur Wehr. Beste Voraussetzungen, um sich in jeder Lebenslage zurechtzufinden.

EINE RATTE IST NIE ALLEIN. Ratten sind kräftige und sehr flinke Tiere, die sich im Notfall auch mit ihren Zähnen eindrucksvoll zur Wehr setzen können. Stärke und Sicherheit aber bietet einer Ratte nur die Gemeinschaft ihrer Artgenossen: das Rudel.

Nur die Familie zählt

Wilde Wanderratten leben in großen Gruppen, die 20 bis 60, oft sogar noch mehr Tiere umfassen. Da die Rudelmitglieder meist miteinander verwandt sind, handelt es sich beim Rattenrudel um einen Familienverband.

▸ Die Verständigung im Rudel basiert auf komplexer Körper- und Lautsprache (→ Seite 21) und chemischer Kommunikation. Das garantiert den geregelten Umgang in der Gruppe und vermeidet Missverständnisse.
▸ Die Familienangehörigen erkennen sich am spezifischen Rudelgeruch; jede anders riechende Ratte wird angegriffen und vertrieben.
▸ Das Rudel besitzt ein Revier, das mit Duftmarken abgegrenzt und gegenüber Eindringlingen verteidigt wird.
▸ Die Männchen etablieren Territorien mit mehreren Weibchen.

▸ Die Rudelmitglieder gehen gemeinsam auf Futtersuche und erkunden unbekanntes Terrain.
▸ In ihrem Revier bauen Ratten Wohn- und Schlafplätze, legen Gangsysteme an und ziehen die Jungen groß.
▸ Ratten brauchen ihre Artgenossen. Allein lebende Tiere verkümmern.

Naseweis und auf der Hut

Ratten sind neugierig – und sie sind vorsichtig. Wie kaum eine andere Tierart hat die Ratte es gelernt, diese beiden eigentlich eher gegensätzlichen Eigenschaften zu ihrem eigenen Nutzen zu

Neugier und ein ausgeprägter Erkundungstrieb sind charakteristisch für Ratten. Fremdes Terrain und unbekannte Objekte inspiziert man dabei am liebsten zu zweit oder zu dritt. ▸

verbinden. Neugier ist neben der Suche nach Futterquellen die Antriebsfeder eines ausgeprägten Erkundungsdrangs (Explorationsverhalten), der die Nagetiere nahezu alle Lebensräume der Erde besiedeln ließ – meist im Gefolge des Menschen. So gingen zum Beispiel viele Ratten (meist Hausratten) als blinde Passagiere per Schiff auf große Fahrt. »Hoppla, jetzt komm ich!« ist dabei gar nicht Rattenart. Im Zweifelsfall werden unübersichtliche Situationen und möglicherweise riskante Aktionen gemieden. Lieber wartet das Rudel, bis sich die Lage klärt, oder sucht nach zuverlässigeren Alternativwegen. Das gilt auch für die Nahrungsbeschaffung. Um unbekannte Futterquellen machen die wild lebenden Ratten meist lange einen großen Bogen, und sie haben darüber hinaus Strategien entwickelt, um Risiken zu minimieren (→ Seite 75). Ihre Verwandten von der Heimtierfraktion, die als Abkömmlinge der Laborratten (→ Seite 15) bereits seit vielen Generationen in menschlicher Obhut leben, zeigen sich da weit vertrauensseliger und akzeptieren auch fremde Kost, ohne lange zu zögern.

Die Mäuseverwandtschaft

Ratten sind Nagetiere. In der Gruppe der Nager (Ordnung Rodentia) zählen die Eigentlichen Ratten der Gattung Rattus zu den Mäusen (Muridae), mit 300 Gattungen und 1336 Arten die artenreichste Säugerfamilie. Zur Gattung Rattus gehören etwa 50 Arten.

1 **Die Hausratte** ist bei uns nur noch selten anzutreffen und steht auf der Liste der stark gefährdeten Tierarten. In den asiatischen Ländern spielt sie als Ernteschädling nach wie vor eine große Rolle.

2 **Die Wanderratte** zeigt sich bei der Wahl ihrer Aufenthaltsorte anspruchsloser als die Hausratte. Im Gefolge des Menschen hat sie alle Lebensräume der Erde besiedelt und sich gegen die heimischen Tierarten durchgesetzt.

Ratten sind Allesesser, leben aber vor allem von Körnern und Früchten. ▶

Heimliches Leben Kulturfolger wie die Wander- und Hausratte sind weltweit verbreitet. Die meisten der vornehmlich im ost- und südostasiatischen Raum heimischen Rattenarten leben aber so versteckt, dass man die genaue Artenzahl auch heute noch nicht kennt. Bisher wurden über 570 verschiedene Formen beschrieben.

Maus oder Ratte? In der Regel verstehen wir unter einer Maus die Hausmaus *Mus musculus*, während mit Ratte die Hausratte *Rattus rattus* oder die Wanderratte *Rattus norvegicus* gemeint ist. In der Systematik gehören jedoch beide Gattungen, die der Mäuse wie die der Ratten, zur Unterfamilie der Echten Mäuse. Die umgangssprachliche Unterscheidung bezieht sich daher mehr auf die verschiedenen Größen: Tiere mit einer Körperlänge von über 15 cm gelten gemeinhin als Ratten, kleinere dagegen als Mäuse.

Wanderratten haben die Nase vorn

Hausratte Als Kletterkünstlerin ist die Hausratte unübertroffen – ein Erbteil ihres ursprünglichen Baumlebens. Geholfen hat ihr diese Fähigkeit bei uns allerdings kaum: Die Hausratte ist in Deutschland fast ausgestorben und steht auf der Roten Liste der stark gefährdeten Tierarten. Einer der Gründe dürfte ihre Vorliebe für trockene und warme Aufenthaltsorte sein. Boten ihr früher Speicher, Scheunen und offene Dachböden (daher auch die Bezeichnung »Dachratte«) genügend Unterschlupfmöglichkeiten, haben solche Refugien heute Seltenheitswert.

In Asien spielen Hausratten jedoch nach wie vor eine große Rolle. Sie vernichten dort regelmäßig Ernten und Vorräte oder machen sie für den Menschen unbrauchbar (→ Seite 13–14).

Wanderratte An ihr Futter stellen Wanderratten keine sehr hohen Ansprüche. Anders als Hausratten, die sich fast nur von Samen und Früchten ernähren, leben Wanderratten zu einem kleinen Teil auch von tierischer Kost, etwa von Mäusen, Vögeln und anderen Kleintieren, die sie überwältigen können. Dass Wanderratten hierzulande so weit verbreitet sind, ist jedoch vor allem ihrer Fähigkeit zuzuschreiben, jeden nur denkbaren Lebensraum zu nutzen – von Abwasserrohren und Müllplätzen bis zu Kellern und Gräben. Dabei bleiben die

Tiere meist in Bodennähe, denn sie bevorzugen feuchte Plätze und die Nähe von Wasser.

Aus ihrer ursprünglichen Heimat in Zentralasien und dem Norden Chinas ist die Wanderratte etwa um das Jahr 1000 nach Mitteleuropa gekommen – wesentlich später als die Hausratte, deren Existenz schon seit der Eiszeit belegt ist, gerade im Mittelmeerraum. Ihren irreführenden wissenschaftlichen Namen *Rattus norvegicus* erhielt die Wanderratte zu einer Zeit, als man noch davon überzeugt war, die kleinen Nagetiere seien aus Skandinavien zu uns eingewandert.

Lebensraumkonkurrenten Haus- und Wanderratten sind auf der ganzen Welt verbreitet und leben in vielen Ländern nebeneinander her. Obwohl sich die ökologischen Ansprüche der beiden Arten unterscheiden (→ oben), wurde *Rattus rattus* von *Rattus norvegicus* aus den geeigneten ebenerdigen Lebensräumen und unteren Stockwerken immer mehr verdrängt.

Fortpflanzungsrate und Anpassungsfähigkeit machen die Ratte zum ◀ *»Erfolgsmodell«.*

Auf der Spur des Menschen

Wie viele andere Rattenarten sind Haus- und Wanderratte typische Kulturfolger, die überall dort auftauchen, wo sich der Mensch niederlässt – häufig schon kurz nach oder gar zeitgleich mit einer Erstbesiedelung. Der Wanderratte kommt dabei ihr ausgezeichnetes Schwimm- und Tauchvermögen zugute, Flüsse und kleine Seen sind für sie kein Hindernis.

Blinde Passagiere Übers große Wasser gelangten Ratten als blinde Passagiere an Bord der Handelsschiffe; sie erreichten so die Küsten ferner Länder und selbst abgelegenste Inseln. Auf diese Weise kamen Ratten (vorwiegend Hausratten) 1755 auch nach Nordamerika. Dem Menschen waren seine gewitzten Wegbegleiter alles andere als willkommen, da sie die Ernteerträge empfindlich schmälerten, Vorräte dezimierten oder verunreinigten und verschiedene Krankheiten übertrugen.

Verdrängung heimischer Arten Weit schlimmer jedoch traf das Erscheinen der Neubürger die heimischen Tierarten; sie waren auf die anpassungsfähigen und sich rasant vermehrenden Räuber nicht vorbereitet. Auf dem australischen Kontinent etwa starben in den vergangenen 200 Jahren 22 Säugetierarten aus – mehr als irgendwo sonst auf der Erde. An der traurigen Entwicklung sind gebietsfremde Arten nicht unschuldig; neben Katzen und Füchsen spielen dabei auch Ratten eine entscheidende Rolle. Auf vielen kleinen Inseln der Tropen und Subtropen verschwanden die meisten bodenbrütenden Vogelarten schon kurz nachdem Ratten auf die Eilande kamen. Die Vögel hatten keinerlei Abwehr- oder Fluchtstrategien, um sich der Nager zu erwehren.

HAUS- UND WANDERRATTE IM VERGLEICH

MERKMAL	HAUSRATTE	WANDERRATTE
Gestalt	schlank, Kopf-Rumpf-Länge 16–22 cm, große und fast nackte Ohren, Schwanz immer länger als Körper; Gewicht 70–300 g.	relativ plump, Kopf-Rumpf-Länge 20–26 cm, kleine Ohren, Schwanz meist kürzer als Körper; Gewicht 180–500 g, Böcke zum Teil mehr.
Farbe	überwiegend dunkelgrau (engl. Bezeichnung: Black rat), aber auch schwarz, z. T. mit weißer Brust.	Rücken und Flanken meist braungrau, Unterseite schmutzigweiß; daneben auch schwarze Tiere.
Ernährung	vorzugsweise Samen und Früchte, tierische Kost in der Regel nur als Beifutter.	Allesesser, auch tierische Nahrung wird akzeptiert; die Wanderratte ist eine gute Fischfängerin.
Fortpflanzung	Tragzeit 24 Tage, meist 6–12, im Durchschnitt 8, zum Teil aber auch bis 20 Junge, die nackt und blind zur Welt kommen (Nesthocker).	Tragzeit 20–24 Tage, Anzahl wie Hausratte; Nesthocker; Männchen mit 3 Monaten fortpflanzungsfähig, Weibchen etwas später.
Lebensweise	überwiegend nächtliche Lebensweise, kletterfreudig; bevorzugt trockene Lebensräume; häufig in Bäumen und oberen Stockwerken von Gebäuden (»Dachratte«).	dämmerungs- und nachtaktiv, oft aber auch tagsüber unterwegs; Erdbewohnerin, die alle nur möglichen Unterkünfte akzeptiert, vorzugsweise in Wassernähe.

MERKMAL	WISSENSWERTES ÜBER RATTEN
Zähne	Ratten haben keinen Zahnwechsel.
Füße	Vorderfüße mit vier Zehen (Daumen rudimentär), Hinterfüße mit fünf.
Geruchsorgan	Das Jacobsonsche Organ im Gaumendach nimmt Gerüche wahr.
Herz	Die Herzfrequenz liegt zwischen 280 und 450 Schlägen pro Minute.

Harmonische Gemeinschaft

▸ **1** **Nähe erwünscht** Das Rudel ist der Lebensmittelpunkt der Ratte. Dank des komplexen Verständigungssystems kommt es nur selten zu Missverständnissen oder Streitereien.

▸ **2** **Mahlzeit** Mehrmals am Tag geht eine Ratte zum Fressnapf. Sie nimmt dabei aber immer nur einen kleinen Snack zu sich.

▸ **3** **Spiel und Sport** Nur eine schlafende Ratte hält still, ansonsten ist Bewegung Trumpf. Am liebsten gemeinsam mit den Artgenossen.

Frühe Nager in Australien Zähne, die Forscher 1997 bei Ausgrabungen in Queensland fanden, belegen, dass die auf Schiffen aus Europa eingewanderten Ratten nicht die ersten Nagetiere des fünften Kontinents waren: Die zwei Millionen Jahre alten Zähne gehören einer Baummaus, die zu den Vorfahren unserer Mäuse und Ratten gezählt wird.

Ein Paradies für Ratten Die moderne Bauweise unserer Häuser und die weit verzweigten Kanalisationssysteme der Großstädte bieten speziell Wanderratten ideale Lebensbedingungen. Essensreste werden in der Toilette entsorgt, die Müllcontainer hinter Fast-Food- und Drive-in-Restaurants quellen über, und an Bahngleisen und in U-Bahn-Schächten gibt es unzählige Verstecke, von denen aus die Rudel ihre Streifzüge starten. Ging man bisher bei Bestandsschätzungen von »einer Ratte auf einen Einwohner« aus, ist diese Formel längst überholt. Allein in Mumbai, dem früheren Bombay, lebt etwa eine Milliarde Ratten, für New York schätzt man 16 Millionen, also zwei Nager pro Einwohner. In anderen Großstädten dürfte es ähnlich aussehen. Nur dort, wo neueste Errungenschaften von Architektur und Stadtplanung noch nicht verwirklicht werden, sind Wanderratten eher selten. So beschränkt sich ihr Vorkommen etwa in Afrika vornehmlich auf die Metropolen und Hafenstädte.

Thermo-Outfit Dass sich Ratten sowohl in kalten wie heißen Regionen behaupten, verdanken sie unter anderem ihrem Schwanz. Er dient nicht allein zum Festhalten und Balancieren, sondern ist auch für den Wärmehaushalt wichtig. Bei Hitze sorgen spezielle Blutgefäße dafür, dass überschüssige Wärme abgeführt wird; bei Kälte ziehen sie sich zusammen und schützen vor Wärmeverlust.

Eine lange und abenteuerliche Geschichte

Seit Jahrtausenden suchen Ratten den Kontakt zum Menschen. Ein in jeder Hinsicht auffälliges und außergewöhnliches Verhalten, wie es auch Grzimeks

Tierleben (Band 11) sieht: »… ist dieses Anschlussbedürfnis eines der hervorstechendsten Merkmale der Ratten; keine Säugetiergattung besitzt es in so ausgeprägtem Maße.«
Der Mensch spielt in der Geschichte einiger Rattenarten eine zentrale Rolle. Aber auch unsere eigene Geschichte wäre ohne die allgegenwärtige Präsenz der Ratte zu vielen Zeiten sicherlich völlig anders verlaufen.

Kulturfolger weltweit

Mit Haus- und Wanderratte leben in Deutschland nur zwei Rattenarten, die sich dem Menschen angeschlossen haben. Vor allem in Asien kennt man eine Reihe weiterer Vertreter der über 50 Arten umfassenden Gattung *Rattus,* die in der Nähe des Menschen leben: die Fruchtratte *Rattus rattus frugivorus,* die Reisfeldratte *R. argentiventer,* die Pazifische Ratte *R. exulans,* die Malaiische Hausratte *R. rattus diardii,* die Turkestanratte *R. rattoides,* die Himalajaratte *R. nitidus* und noch einige mehr.

Ratten als Krankheitsüberträger

Wild lebende Nager können Krankheiten übertragen und als Zwischenwirte für Erreger dienen. Bei Ratten gilt das zum Beispiel für Tuberkulose, Typhus, Cholera, Ruhr und auch für die Beulenpest, deren Seuchenzüge seit der Antike belegt sind. Erst 1894 entdeckten der Franzose Alexandre Yersin und der Japaner Shibasaburo Kitasato den Pesterreger, das Bakterium *Yersinia pestis.*

TIPP

Für ein besseres Image

Helfen Sie mit, Vorurteile gegenüber den Ratten abzubauen und ihr Image zu verbessern. Ratten sind schmutzig: Im Gegenteil, sie sind ausgesprochen reinlich. Ratten übertragen Krankheiten: Das gilt nicht für Heimtierratten. Ratten sind aggressiv: Sie sind friedlich im Rudel und liebevoll gegenüber dem Menschen.

Drei Jahre danach machte man den Rattenfloh *Xenopsylla cheopis* als Überträger ausfindig. Er geht auch auf den Menschen über, wenn sein Wirtstier an der Seuche gestorben ist. Heute kann die Pest mit medizinischen Mitteln behandelt werden; ausgerottet ist sie jedoch nicht. Nach Berichten der Weltgesundheitsorganisation WHO kam es zwischen 1978 und 1992 in 21 Ländern zu Infektionen.

Beschützt, verehrt und verwöhnt

Vor allem in den asiatischen Kulturen werden Ratten bewundert und verehrt, gelten gar als Glücksbringer. Der indische Gott Ganesh wird auf seinen Reisen von einer Ratte begleitet, die ihm als Reittier dient. Im Rattentempel Karni Mata in Nordindien leben rund 20 000 Ratten, die von den Gläubigen beschützt und mit Leckerbissen verwöhnt werden. Ganz besonderes Glück widerfährt Besuchern des Tempels, wenn ihnen eine weiße Ratte über den Weg läuft.

WUSSTEN SIE SCHON, DASS …

… Heimtierratten von Labortieren abstammen?

Bereits im 19. Jahrhundert wurden Wanderratten im Tierversuch eingesetzt. Als Labortiere wählte man Albinos aus, die schon zuvor gezähmt worden waren. Bei der Zucht der Rattenstämme für die Forschung war das friedfertige und zutrauliche Wesen der Tiere von Beginn an ein wichtiges Kriterium. Alle als Heimtiere gehaltenen Ratten stammen von Laborratten ab und zeichnen sich wie sie durch eine besondere Nähe zum Menschen aus.

Der Schwarze Tod

Zwischen 1347 und 1351 fielen über 23 Millionen Menschen dem »Schwarzen Tod« zum Opfer. Dennoch handelte es sich wahrscheinlich nicht um eine Pestepidemie. Zum einen gab es damals in Europa kaum Wanderratten, und Hausratten lebten nur im Mittelmeerraum. Zum anderen breitete sich die Seuche schneller aus, als es für die Pest typisch ist. Vieles spricht dafür, dass der schrecklichste Seuchenzug der Menschheitsgeschichte von einer Virusinfektion ähnlich dem Ebola-Fieber ausgelöst wurde.

Zum chinesischen Kalender gehören zwölf Tierzeichen (Erdzweige). Der Sage nach hatte Buddha alle Tiere zum Neujahrsfest eingeladen, aber nur zwölf waren seiner Bitte gefolgt: Ratte, Rind, Tiger, Hase, Drache, Schlange, Pferd, Ziege, Affe, Hahn, Hund und Schwein. Zum Dank für ihr Kommen setzte Buddha jedes Tier zum Herrscher über ein Jahr ein und verlieh ihm die Macht, in seiner Amtszeit jedes Schicksal und jedes Ereignis zu bestimmen. Menschen, die im Jahr der Ratte geboren werden, gelten als klug, vorsichtig und charmant.

So leben Ratten

Die Power eines Spitzensportlers, die Gelenkigkeit des Hochseilartisten, die Spürnase des Bluthundes: Das Erfolgsrezept der Ratten liegt darin, dass sie keine Spezialisten sind, sondern sich mit ihren vielen Fähigkeiten jeder Herausforderung stellen.

ZEHNKAMPF STATT EINZEL-DISZIPLIN Als Kugelstoßer hätte ein Marathonläufer ziemlich schlechte Karten, ein Hochspringer ist kein Speerwerfer. Nur der Zehnkämpfer bringt Bestleistungen in verschiedenen Sportarten. Ratten beherrschen diesen »Mehrkampf« perfekt: Sie klettern und balancieren beinahe wie Affen, schwimmen ausdauernd, sind über kurze Distanzen äußerst sprintstark, erweisen sich aber auch als Meister der Langstrecke. Sie springen hoch und weit und haben dabei ihren Körper in jeder Phase vollkommen unter Kontrolle.

Anatomie und Biologie

Ratten sind Generalisten. Und das Typische für Generalisten ist, dass es an ihnen nichts Typisches gibt – weder ein Sondermerkmal im Körperbau noch exklusive Sinnesleistungen. Beispiel Klettern: Vor allem Hausratten sind echte Kletterprofis. Ihre Füße sind dabei zwar sehr beweglich, aber nicht speziell ans Klettern angepasst. Beispiel Gelenkigkeit: Ratten sind in der Lage, ihren Körper durch jeden Spalt zu zwängen, durch den sie auch den Kopf stecken können. Eine Fähigkeit, die sonst nur Tieren ohne sperriges Schlüsselbein möglich ist. Die Ratte jedoch hat ein normal ausgebildetes Schlüsselbein.

Körperbau Im Erscheinungsbild ähneln sich alle echten Mäuse, zu denen ja auch die Ratten gehören: Sie sind von mittlerer Körpergröße, der Schwanz ist lang und fast nackt, Vorder- und Hinterbeine sind etwa gleich lang.

Fell Das Haarkleid der Ratten besteht wie das aller Nager aus weichen Woll- und längeren, derben Grannen- oder Deckhaaren. Die Ohren sind spärlicher behaart, die Fußsohlen nackt. Der oft als nackt bezeichnete Schwanz dagegen ist nicht völlig haarlos. Mit ihren großen Vibrissen (Tasthaaren) an Schnauze und Augen orientieren sich Ratten auch im Dunkeln (Nahorientierung); ebenfalls auf Berührungsreize reagieren die Leithaare an Flanken und Beinen. Bei wild lebenden Ratten herrschen braune, graue

Eine Ratte erkennt man auf den ersten Blick: Knopfaugen, kleine Ohren, nackte Füßchen und ein langer, spärlich behaarter und mit Hornschuppen bedeckter Schwanz.

Ratten leben in einer Welt der Gerüche.
Düfte bestimmen das Miteinander im Rudel und
sind wichtig für die Orientierung und Fortpflanzung.

und schwärzliche Farbtöne vor, wobei die Bauchseite stets heller gefärbt ist. Bei Zuchtratten reicht das Farbspektrum von Braun und Grau bis zu Creme und Weiß. Die meisten Rassen werden in vielen Zeichnungen gezüchtet (→ Seite 24–29).

Augen Ratten kommen blind zur Welt, die Augen öffnen sich zwischen dem 14. und 16. Tag. Das Blickfeld umfasst annähernd 360 Grad. So bleiben selbst Annäherungen von hinten und aus der Luft (Greifvögel) nicht unbemerkt. Die Sehschärfe ist jedoch gering. Die Netzhaut enthält fast nur Stäbchen als Photorezeptoren. Da diese lichtempfindlicher sind als Zäpfchen, die das Farbensehen ermöglichen, sieht die dämmerungs- und nachtaktive Ratte im Dunkeln besser als der Mensch; sie ist aber fast farbenblind. Grelles Licht schadet ihren Augen, besonders wenn wie bei den Albinos die Farbpigmente fehlen (→ Tipp, Seite 18).

Nase Ratten sind »Nasentiere«, so genannte Makrosmaten. Verantwortlich für ihr hoch entwickeltes Geruchsvermögen ist die großflächige Nasenriechschleimhaut. Düfte spielen unter anderem in der Kommunikation, bei der Orientierung, der Fortpflanzung und Feinderkennung eine wichtige Rolle.

Jacobsonsches Organ Das unter der Nasenhöhle sitzende Riechorgan dient der Wahrnehmung von Duftlockstoffen.

Zähne Nagertypisch sind die großen Schneidezähne, die als ständig wachsende Nagezähne angelegt sind. In jeder Kieferhälfte gibt es einen Nagezahn. Seine Vorderseite besitzt einen harten, gelblich-orange gefärbten Zahnschmelzüberzug. Ebenfalls kennzeichnend für Nager ist die große Lücke (Diastema) zwischen den Nage- und Backenzähnen (je drei in jeder Kieferhälfte). Eck- und Vorbackenzähne fehlen. Bei den Ratten gibt es keinen Zahnwechsel. Die Nagezähne brechen am 8.–10. Lebenstag durch. Damit sie kurz bleiben, müssen sie durch Benagen ständig abgerieben werden. Da sich ihre dentinfreie (zahnschmelzlose) Zahnrückseite dabei viel schneller abnutzt, schärfen sich Nagezähne immer wieder selbst.

◀ *Es dauert meist nicht lange, bis Ratten Vertrauen zum Menschen fassen. Der dient dann auch als Kletterbaum. Ihre Zuneigung bekunden die Nager durch Kuscheln und Knabbern am Ohr.*

Ohren Die Ohren sind relativ klein und wenig behaart. Sie können unabhängig voneinander bewegt werden. Ratten kommen taub zur Welt, die äußeren Ohren öffnen sich nach 2–4 Tagen.

Füße und Krallen Rattenfüße sind nackt, die Vorderfüße haben vier, die Hinterfüße fünf krallentragende Zehen. Die Daumen sind rückgebildet und besitzen keine Krallen.

Schwanz Von Hornschuppen bedeckt, die zu Schuppenringen verschmolzen sind. Annähernd körperlang (→ Tabelle, Seite 11), nur spärlich behaart. Die Schwanzhaut zeichnet sich durch eine »Sollbruchstelle« aus: Sie reißt ab, wenn die Ratte am Schwanz hochgehoben oder gezogen wird, und ermöglicht ihr so zum Beispiel die Flucht vor Feinden.

Geschlechtsorgane Bei erwachsenen Männchen (Böcken) sind die Hoden unter dem Schwanz gut zu sehen. Am Bauch der Weibchen verlaufen zwei Zitzenreihen. Weibliche Ratten erkennt man an den drei Öffnungen von After, Geschlecht und Harnröhre, die eng beieinanderliegen. Bei Böcken ist der Abstand von After zu Penis relativ groß.

Besonderheiten

Hardersche Drüse Eine Drüse im inneren Augenwinkel, die ein rötliches Sekret produziert, das wahrscheinlich den Augapfel reinigt und pflegt.

Schwitzen Ratten haben keine Schweißdrüsen, der Temperaturausgleich erfolgt über weniger behaarte Körperbereiche, wie Schwanz und Ohren.

Geteilter Magen Der Rattenmagen ist durch eine Falte unterteilt. Dieses Merkmal und der fehlende Würgereflex verhindern, dass Ratten erbrechen können, um Unverdauliches wieder abzugeben.

CHECKLISTE

Was Ratten sympathisch macht

Ratten haben einen ausgeprägten Gemeinschaftssinn. Das Wohl der Gruppe bestimmt das Miteinander. Zu aggressivem Verhalten oder gar Kämpfen kommt es nur sehr selten.

○ Alle Tiere des Rudels gehen zuvorkommend und freundlich miteinander um und erledigen viele Aufgaben gemeinsam.

○ Die komplexe Laut- und Körpersprache fördert die sozialen Kontakte und verhindert Missverständnisse.

○ Mit gegenseitigem Lecken und Beknabbern des Fells (Allogrooming) drücken Ratten ihre Zuneigung aus.

○ Auch dem vertrauten Menschen bekundet man seine Wertschätzung durch Kuscheln und Knabbern am Ohr.

○ Gemeinsam gehen Ratten auf Futtersuche und Erkundungstour.

○ Beim Klettern und Spielen unterstützt man sich oft gegenseitig, z. B. auf der Schaukel oder beim Balancieren.

○ Die Weibchen helfen Müttern mit Kindern (»Tantenverhalten«) oder versorgen die Jungen, wenn die Mutter stirbt.

○ Die Mitglieder des Rudels warnen sich gegenseitig von Feinden und halten mit sogenannten Stimmfühlungslauten ständig Kontakt zueinander.

Die Sinnesleistungen

Ratten sind dämmerungs- und nachtaktive Tiere. Neben ihrem Geruchs- und
Tastsinn ist vor allem das Hörvermögen
hoch entwickelt.

Sehen In der Dämmerung können Ratten selbst Grautöne unterscheiden, die
nur minimal voneinander abweichen.
Ausgeprägt ist auch ihr Bewegungssehen,
während unbewegte Objekte oft überhaupt nicht wahrgenommen werden.
Die Sehschärfe ist gering. Die Sehfelder
der seitlich am Kopf sitzenden Augen
überschneiden sich lediglich in einem
schmalen Bereich, sodass Ratten kaum
räumlich (stereoskopisch) sehen und
Entfernungen nur schlecht abschätzen
können. Die Position ihrer Augen erlaubt es ihnen gleichzeitig aber, nahezu
360 Grad zu überblicken, ohne dabei
die Kopfhaltung zu ändern.

Hören Ratten nehmen auch schwächste
Töne wahr und können sie exakt lokali-
sieren, indem sie ihre Ohrmuscheln wie
Richtantennen auf die Geräuschquelle
ausrichten. Ihre obere Hörgrenze liegt
mit über 80 000 Hz im für den Menschen unhörbaren Ultraschallbereich.

Auch die Verständigung zwischen den
Rudelmitgliedern (→ Seite 21) findet
vornehmlich im Ultraschallbereich statt.
Erzeugt werden die hochfrequenten
Töne, indem Luft durch eine kleine Öffnung in den Stimmbändern gepresst
wird. Das Trommelfell im Rattenohr ist
mit feinen Rillen überzogen, die diese
Signale übertragen helfen.

Gleichgewichtssinn Hoch entwickelt
und außerordentlich leistungsfähig ist
das im Innenohr sitzende Gleichgewichtsorgan. Es sorgt dafür, dass Ratten
selbst auf dünnsten Seilen sicher balancieren und gefahrlos über schmale Stege
laufen können.

Riechen Ratten leben in einer Welt der
Gerüche. Mit ihren über 10 Millionen
geruchsempfindlichen Sinneszellen
(Mensch: zwei Millionen) können sie
Geruchsquellen in weniger als 50 Milli-
sekunden orten. Ratten gehören damit
zu den besten Schnüfflern des Tierreichs.
Dabei riecht eine Ratte gleichsam über
das rechte und das linke Nasenloch.
Der Geruchssinn dient dazu, Futter ausfindig zu machen, Feinde zu wittern, die
Mitglieder des Rudels am gruppenspezifischen Duft zu identifizieren und die
Paarungsbereitschaft der Geschlechts-
partner zu prüfen. Ratten setzen Harntröpfchen als Duftmarken ab, die den
Artgenossen Informationen liefern und
ihnen als Orientierungshilfen dienen.
Mit ihrer feinen Nase können Ratten
aber auch Krankheiten wahrnehmen. In
den Labors setzt man sie zum Beispiel
mit Erfolg ein, um Speichelproben auf
Tuberkulose zu testen. Auch beim Auf-
finden von Landminen erweist sich die
Rattennase Hightech-Suchgeräten über-
legen. Gegenüber Minensuchhunden
haben Ratten den Vorteil, dass sie zu
leicht sind, um eine Mine auszulösen.

TIPP

Lichtschutz für rote Augen

Das Sehvermögen der Ratte ist an ein Leben in
Dämmerung und Nacht angepasst. Grelles
Licht schadet auf Dauer ihren Augen. Das gilt
besonders für die roten Augen der Albinos,
denen die Farbpigmente fehlen. Achten Sie
darauf, dass die Käfigbewohner nie direkt in
eine Lampe oder einen Spot blicken können.

Die perfekte Wohnlandschaft nach Rattenart mit vielen Verstecken und tollen Spiel- und Sportgeräten.

Tasten Die Vibrissen und Leithaare (→ Seite 15) reagieren auf kleinste Berührungen. Sie liefern der Ratte aktuelle Informationen über ihre Position im Raum und über die Beschaffenheit ihres unmittelbaren Umfelds und ermöglichen es ihr so, sich selbst in völliger Dunkelheit und ohne Duftmarken zu orientieren. Die Vibrissen müssen dabei nicht unbedingt direkten Kontakt zu Gegenständen und Flächen haben. Sie registrieren auch lokale Luftströmungen und -wirbel, wie sie zum Beispiel an Hauswänden auftreten. Die druckempfindlichen Rezeptoren in den Rattenfüßen geben Auskunft über Struktur und Materialien des Untergrunds und schlagen schon bei geringsten Erschütterungen des Bodens Alarm. Wie von vielen anderen Tieren weiß man auch von Ratten, dass sie lange vor einem Erdbeben ihre Baue und Verstecke verlassen.

Schmecken Die Geschmacksknospen der Zunge liefern der Ratte eine Vielzahl an Informationen über Inhaltsstoffe und Zusammensetzung der Nahrung. Wie bei Gerüchen speichert die Ratte offensichtlich Verträglichkeit und Geschmack jedes Futterangebots. Sie rührt eine einmal als ungenießbar bewertete Kost nicht mehr an und erkennt, ob ein gewohntes Futter verändert wurde (→ Seite 75).

Orientieren Im Hirn der Ratte bilden sich die räumlichen Beziehungen der Umgebung als dreidimensionale Landkarte ab. Die »Überwachungskamera« in ihrem Kopf nimmt jede Veränderung wahr und kann offensichtlich Wege und Handlungen sogar rückwärts ablaufen lassen (räumliches Erinnern).

MEIN HEIMTIER

Können meine Ratten Farben erkennen?

Ratten reagieren in erster Linie auf Bewegungen. Sie nehmen unterschiedliche Grauwerte wahr, aber das Farbensehen ist nur gering entwickelt. Testen Sie trotzdem, ob Ihre Tiere auf unterschiedliche Farben (Rot, Grün, Blau, Gelb) reagieren.

Der Test beginnt:

○ Sie brauchen einen Laufgang mit zwei Schenkeln (Winkel zirka 45 °); einer davon farbig, einer weiß. Legen Sie eine Belohnung ans Ende des Farbgangs. Mehrfach wiederholen.

○ Gleicher Versuch, der Farbgang (mit Belohnung) zeigt jetzt aber zur anderen Seite. Welchen wählen die Ratten? Wiederholen Sie den Test mit drei Schenkeln in unterschiedlichen Farben. Der Leckerbissen liegt immer im gleichen Schenkel. Nach jedem Test Gänge heiß ausspülen.

Mein Testergebnis:

Struktur und Aktivitäten des Rattenrudels

Ratten sind gesellige Tiere und können ohne ihre Gruppe nicht überleben. Viele Aktivitäten werden von mehreren oder allen Rudelmitgliedern gemeinsam durchgeführt.

▶ Zu einem Rudel wild lebender Ratten gehören mindestens 20, häufig 40–60 und manchmal bis zu 200 Tiere.

▶ Die Lebensgemeinschaft ist in der Regel ein Familienclan, dessen Mitglieder miteinander verwandt sind.

▶ Eine Gruppenstruktur ist nicht sofort erkennbar. Einzelne Männchen haben Territorien mit mehreren Weibchen. Es gibt aber auch »untergeordnete Verhältnisse«, wobei mehrere Männchen in einer Gemeinschaft mit vielen Weibchen leben.

▶ Die Rudelmitglieder erkennen sich an ihrem gruppenspezifischen Geruch. Fremde, anders riechende Tiere werden attackiert und vertrieben.

▶ Die Verständigung in der Gruppe erfolgt über eine komplexe Laut- und Körpersprache mit vielen Gesten und Lauten, was Konflikte vermeidet.

▶ Zu den wichtigen sozialen Kontakten gehört auch die gegenseitige Körperpflege mit ausgiebigem Lecken und Beknabbern des Fells (Allogrooming).

▶ Mit Harntröpfchen markieren die Ratten alle Gegenstände, die sie als ihren Besitz betrachten. Bei Heimtierratten schließt das normalerweise auch den vertrauten Menschen ein.

- Fortpflanzungsfähige Weibchen können sich mit mehreren Männchen paaren; regelhaft gehört ein Männchen zu mehreren Weibchen.
- Die befreundeten Weibchen des Rudels beteiligen sich nicht selten an der Aufzucht der Jungen oder kümmern sich um verwaiste Jungtiere.
- In der Regel brechen die Rudelmitglieder gemeinsam (mindestens zu zweit) zur Futtersuche oder zur Erkundung unbekannten Terrains auf. Auch zur Verteidigung des Reviers schließen sich die Ratten zusammen.

Die Sprache der Ratten

Lautsprache Ratten verständigen sich hauptsächlich im für den Menschen unhörbaren Ultraschallbereich. Sie senden täglich Tausende von hochfrequenten Botschaften aus, mit denen sie andere Rudelmitglieder vor Gefahren warnen, auf Futterquellen aufmerksam machen oder über ihren Standort, aber auch ihr persönliches Befinden informieren. Für das menschliche Ohr wahrnehmbar sind diese Lautäußerungen:

- Fauchen und Schnauben sind Droh- und Warnlaute, wie sie zur Abwehr von Eindringlingen benutzt werden.
- Fiepen ist der typische Angstlaut, mit dem zum Beispiel allein gelassene Nestjunge nach ihrer Mutter rufen.
- Zähneknirschen kann gleichermaßen Wohlbefinden wie auch Furcht und Aufregung ausdrücken. Erst die begleitende Körpersprache verdeutlicht, was die Ratte sagen will.

Ihre »Geheimsprache« soll die Ratte vor Feinden schützen. Doch die Gegenseite hat wirksame Lauschsysteme entwickelt, um auf der gleichen Wellenlänge mitzuhören – wie zum Beispiel die Hauskatze.

Körpersprache Anders als bei der Lautsprache sind viele Ausdrucksformen der Körpersprache der Ratte auch für den Menschen verständlich.

- Begrüßen: gegenseitiges Beschnuppern von Schnauze und Analbereich.
- Drohen: verlangsamte Bewegungen auf steifen Beinen, Körper wird seitlich zum Gegenüber gestellt, gesträubtes Fell, halb geschlossene Augen.
- Unterwerfen: Demutshaltung in der Seiten- oder Rückenlage.
- Sichern: Die Ratte verharrt und hält witternd die Nase in die Luft.

Wichtiger Sozialkontakt: Bei der gegenseitigen Körperpflege leckt und beknabbert man sich das Fell.

Verhaltensweisen, die Sie kennen sollten

▸ Kuscheln: Zwei oder mehr Ratten liegen dicht neben-, manchmal auch übereinander. Regelmäßiger Körperkontakt zu den Artgenossen ist für Ratten lebenswichtig. Fehlt er, wird die Ratte krank.

▸ Verstecken: In Spalten und Ecken fühlen sich Ratten sicher und beobachten von hier aus die Umgebung.

▸ Fressen: Die Futteraufnahme erfolgt in typischer Sitzhaltung. Die Nahrung wird mit den Vorderpfoten gehalten.

▸ Boxen: Rattenmännchen testen im Kampf, wer der Stärkere ist. Dazu stellen sich die Kontrahenten auf die Hinterbeine und schlagen (»boxen«) mit ihren Vorderpfoten.

▸ Pflege: Ratten betreiben ausgiebige Körperpflege. Dazu gehören Fell- und Gesichtswäsche ebenso wie das Beknabbern von Zehen und Krallen.

Duftkontrolle: Zur Begrüßung und beim Kennenlernen beschnuppern sich Ratten an der Schnauze und meist auch im Analbereich.

Kleine Farbenkunde

Beim Kauf haben Rattenfreunde heute die Wahl zwischen den unterschiedlichsten Fellfarben und -mustern – von einfarbigen Tieren bis zu auffällig gezeichneten Huskys oder Barebacks. Zusätzlich gibt es noch glatt- und wollhaarige Formen.

ALLE HEIMTIERRATTEN stammen von Wanderratten ab, die für Laborzwecke gezüchtet wurden (→ Seite 14). Erstmals zur Zucht eingesetzt wurden wild lebende albinotische Wanderratten im frühen 19. Jahrhundert in England. Heute gibt es weltweit viele verschiedene Rattenstämme in der Forschung.

Freundlich und anhänglich

Als Laborratten eigneten sich nur Tiere, die weder scheu noch bissig waren und von sich aus die Nähe der Menschen suchten; diese Kriterien bestimmten die Laborzucht über viele Generationen. Alle Ratten, die als Heimtiere gehalten werden, sind direkte Abkömmlinge der Forschungsratten und zeichnen sich durch ihr freundliches und aufgeschlossenes Wesen aus – auch wenn es natürlich individuelle Unterschiede gibt.

Die Zucht von Farbratten

Am Anfang steht die Wildfarbe. Tiere, die in Farbe und Zeichnung der wilden Wanderratte ähneln, werden als Agouti bezeichnet: Das braungraue Fell hat einen rötlichen Schimmer, am Bauch ist es schmutzigweiß bis silbergrau ohne klare Abgrenzung. Die Tiere haben stets schwarze Augen.

In der Rattenzucht werden die verschiedenen Fellfarben unterteilt in

▸ Agouti: Jedes einzelne Haar ist gebändert, dunkle und helle Abschnitte wechseln sich ab. Diesen Felltyp der wildfarbenen Ratte gibt es in vielen Variationen (etwa Chocolate oder Blue Agouti) und allen Zeichnungen.
▸ Non-Agouti: Alle Haare sind gleichmäßig durchgefärbt.

Die unterschiedlichen Fellzeichnungen können in jeder Fellfarbe vorkommen.

Augenfarben: schwarz, dunkel-, rubin- und hellrot. Als »Odd eyed« werden Tiere mit verschieden gefärbten Augen bezeichnet. Albinos fehlt das Pigment in Haaren und Augen. Die Haare erscheinen weiß, bei den Augen sieht man die roten Blutgefäße (Augenfarbe: pink).

TIPP

Zuchtverbot für Qualzuchten

Bei diesen Zuchtformen können Krankheiten und Behinderungen auftreten. Rex: dünnes Fell, kaum Schutz vor Kälte und Nässe; Manx: Schwanz fehlt oder nur Stummel, Skelett verformt; Dumbos: übergroße Ohren, schwerhörig oder taub; Nacktratten: ohne Fell, sehr empfindlich gegenüber Wärme, Kälte und Nässe.

Die schönsten Ratten
auf einen Blick

◀ Albino

Reinweiß gefärbte Exemplare gibt es bei vielen Tierarten, auch wenn sie in freier Natur nur sehr selten vorkommen. Die Körperzellen dieser albinotischen Tiere können keine Farbpigmente (Melanine) bilden, Haut und Fell sind daher einheitlich weiß ohne Farbtupfer oder Zeichnungen.

Albino ▶

Das Haarkleid einer Albino-Ratte ist reinweiß. Da auch in ihren Augen kein Farbstoff eingelagert ist, besitzen die Albinos immer rote (pinkfarbene) Augen. Wegen der fehlenden Farbpigmente sind die Augen ungeschützt und reagieren empfindlich auf grelles Licht (→Seite 18).

▲
Husky

Ratten mit Husky-Zeichnung kommen fast immer dunkel gefärbt zur Welt. Die Färbung hellt im Laufe der Zeit zunehmend stärker auf.

▲
Husky

Typisch für Husky-Ratten ist die weiße Stirnblesse, die sich bis zu den Ohren und zum Hals fortsetzt. Am Rücken und an den Flanken ist das Fell farbig. Huskys gibt es in einer Vielzahl von Farbvarianten, zum Beispiel Grey Husky (im Foto), Creme, Blue oder Agouti Husky.

Black Berkshire ▶

Das Fell der Berkshire ist einfarbig. Weiß abgesetzt sind lediglich Brust, Bauch und Pfoten. Auch Ratten mit einem weißen Bauchstreifen zählt man zu den Berkshire. Besonders auffällig ist die Zeichnung bei dunkel gefärbten Tieren.

▲
Black Berkshire

Die ideale Berkshire-Ratte hat vier weiße Pfoten, einen weißen Fleck auf der Stirn und eine weiße Schwanzspitze.

Hooded

Farbig abgesetzt ist bei den Hooded-Ratten (hood: engl. für Haube) der Kopf bis zu den Schultern. Dazu kommt der markante farbige Rückenstreifen. Flanken und Bauch sind weiß. Verschiedene Farbschläge.

Hooded

Der breite Farbstreifen, der sich vom Kopf bis zum Schwanzansatz über den Rücken zieht, macht die Hooded unverkennbar.

Creme Self

Als Self bezeichnet man alle einfarbigen Ratten ohne anders gefärbte Abzeichen oder Masken. Im Gegensatz dazu ist Marked der Oberbegriff für Tiere mit einer Fellzeichnung. Fast alle bei den Ratten bekannten Farbschläge (→ Seite 23) kommen auch bei den Self vor. Im Foto eine Creme Self.

▲
Cremeweiße Schecke
Bei den Schecken sind die farbigen Abzeichen zum Teil blass und heben sich kaum von der Grundfarbe des Fells ab.

▲
Cremeweiße Schecke
Der Körper der Schecke ist meist hell gefärbt (weiß, creme, elfenbein, beige, silberbeige, hellgrau). Stärker gefärbte Flecken, sogenannte Points, weist das Fell vor allem an Nase, Ohren, Füßen und am Schwanz auf.

Agouti ▶
Die Agouti-Färbung geht auf die ursprüngliche Fellfarbe der wildfarbenen Ratte zurück. Das Fell ist braungrau mit rötlichem Schimmer, die Bauchpartie silbrig. Heute werden Agouti-Ratten in vielen Farbvarianten und Zeichnungen gezüchtet.

▲
Agouti
Bei allen Agouti-Farbschlägen (→ Seite 23) ist jedes Haar gebändert, während das Haar bei den Non-Agouti gleichmäßig in einer Farbe durchgefärbt ist.

◄ Black Eyed White

Auf den ersten Blick ähnelt die Black Eyed White der Albino-Ratte (Pink Eyed White). Im Gegensatz zur Albino besitzt die Black Eyed jedoch Farbpigmente, die auch für ihre schwarzen Augen verantwortlich sind.

Black Eyed White

Das Fell der BEW ist reinweiß. Die Farbgebung ist kein Zufallsprodukt, sondern das Ergebnis gezielter Züchtungen.

Black Self

Zu den Non-Agouti (→ Seite 23) gehört auch die Black Self. Erwünscht ist ein einheitliches und glänzendes Schwarz am ganzen Körper ohne weiße Haare oder Aufhellungen. Jedes einzelne Haar ist vollständig durchgefärbt.

Black Self

Mit ihren tiefschwarzen Knopfaugen im dunklen Gesicht wirkt die Black Self ganz besonders attraktiv.

Bareback ▶

Eine Bareback ist unverwechselbar: Ihr Kopf, die Brust und die Schultern sind – nicht selten kräftig – gefärbt und bilden einen auffälligen Kontrast zum restlichen, einheitlich weißen Körper. Wegen der Ähnlichkeit mit der Hooded (→ Seite 26) wird die Bareback oft auch American Hooded genannt. Zuchtziele sind eine klare Abgrenzung des farbigen Vorderkörpers zum weißen Bereich und ein Weiß ohne Schattierungen und Flecken. So wie die Hooded gibt es auch die Bareback in jeder Fellfarbe.

Dreifarbige Schecke

Bei der Dreifarbigen Schecke sind die Farbflecken unterschiedlich oder verschieden stark gefärbt, bei dieser Ratte zum Beispiel hell- und dunkelgrau.

Dreifarbige Schecke

Wie bei allen Schecken sitzen die Flecken (Points) bei der Dreifarbigen vor allem an Nase, Ohren, Füßen und am Schwanz.

Wie Ratten leben wollen

Kuschelige Schlaf- und Versteckplätze, Aussichtsplattformen, eine rund um die Uhr geöffnete Imbissstube, jede Menge Kletter- und Spielgeräte: So stellen sich Ratten ihr Zuhause vor.

Das Wohnparadies für Ihre Ratten

Auch bei regelmäßigem Auslauf verbringen Ratten täglich 20 Stunden und mehr in ihrem Käfig. Die Ansprüche sind deshalb hoch: Der Rattenkäfig muss seinen Bewohnern alle Möglichkeiten für ein uneingeschränktes Leben in der Gruppe bieten.

TRAUMHAUS GESUCHT Die Grundausstattung ist zwar ein Muss. Doch je mehr Fantasie, Sorgfalt und Liebe Sie in die Käfigeinrichtung und Auswahl des Zubehörs investieren, desto glücklicher machen Sie die Rasselbande. Sie dankt es Ihnen mit Vertrauen und Zuwendung.

Viel mehr als nur ein Platz zum Schlafen

Der Käfig ist der wahre Mittelpunkt des Rattenlebens und für die Nagertruppe gleichermaßen Wohn-, Schlaf-, Ess- und Spielzimmer. Hier trifft man sich zum Small Talk, man animiert sich gegenseitig zu verwegenen Verfolgungsjagden und Kletterpartien, kuschelt gemeinsam in Hängematte oder Schlafhäuschen, buddelt in Einstreu und Wühlkiste oder zieht sich in ein Versteck zurück – wenn einem nicht nach Gruppenleben ist.

Lieber gleich eine Nummer größer

▸ Ratten brauchen das Rudel. Einzelhaltung im Käfig ist nicht artgerecht und widerspricht sämtlichen Grundbedürfnissen der sozialen Nager. Eine solo lebende Ratte verkümmert, entwickelt ernste Verhaltensanomalien und wird krank.

▸ Starten Sie mit zwei, besser jedoch drei oder mehr gleichgeschlechtlichen Tieren (→ Seite 54). Am besten vertragen sich Weibchen, die aus einem Wurf stammen.

▸ Je größer die Gruppe ist, desto größer muss der Käfig sein. Selbst für die Minimalbesetzung mit zwei Tieren ist ein kleiner Käfig tabu. Für drei bis vier Tiere gelten als Mindestmaße 80 x 60 x 120 cm (Länge x Breite x Höhe), für eine Gruppe von bis zu zehn Ratten 100 x 60 x 180 cm.

▸ Auch der größte Käfig kann den täglichen Auslauf in der Wohnung nicht ersetzen (→ Seite 59).

Der richtige Platz zum Wohlfühlen: Ein artgerecht eingerichteter Käfig vermittelt seinen Bewohnern Geborgenheit und bietet ihnen viele aufregende Beschäftigungsmöglichkeiten.

Rattenherz, was willst du mehr?

1 **Viel Platz** Durch den Einbau mehrerer Etagen lässt sich der Bewegungsraum für die Bewohner erheblich vergrößern. Treppen, Leitern und Rampen verbinden die Stockwerke.

2 **1000 Geheimnisse** Ein geschickt gestalteter Käfig reizt die Ratten immer wieder zum Erkunden der dunklen und geheimnisvollen Ecken.

3 **Sportplatz** Spiel- und Turngeräte gehören zur Grundausstattung der Rattenwohnung und werden meist ständig benutzt.

Mehrere Stockwerke

Als Nachfahren der Wanderratten sind Heimtierratten zwar weniger begnadete Kletterkünstler als die Hausratten, aber auch ihr Leben spielt sich überwiegend in der Vertikalen ab.

▸ Etagenwohnung bevorzugt: Der Käfig sollte Wohnflächen auf mehreren Stockwerken besitzen. Zum Etagenbau eignen sich Einlegeböden, Bretter und beschichtete Spanplatten. Jede Etage wird mit Häuschen, Spiel- und Turngeräten ausgestattet (→ Seite 35) und ist über Kletterseile, Leitern, Treppen, Äste oder Röhren mit den anderen Stockwerken verbunden.

▸ Über Aussparungen (Durchmesser 8–10 cm) in den durchgängigen Etagenbrettern erreichen die Bewohner das nächste Stockwerk. Durchstiegsöffnungen sollten auch am Käfiggitter vorgesehen werden.

▸ Verwenden Sie keine Gitter für die Etagenböden. Ratten können darauf nicht richtig laufen und werden »fußkrank« (Bumblefoot, → Seite 89).

▸ Die Etagenhöhe richtet sich nach den größten Käfigbewohnern. Jede Ratte muss Männchen machen können, ohne dabei an die Decke zu stoßen.

▸ Bei sehr hohen Käfigen sind durchgängige Etagen von Vorteil, weil sie Stürze aus großer Höhe verhindern. Zum Schutz bieten sich auch Hängematten und Netze an (→ Seite 39).

▸ Kaninchen- und Meerschweinchenkäfige eignen sich für Ratten nicht, da sie zwar eine große Bodenfläche besitzen, aber zu niedrig sind und sich nicht in Etagen unterteilen lassen.

Käfiggitter nach Maß

▸ Die Gitterstäbe eines Rattenkäfigs verlaufen waagerecht, damit sie als Kletterhilfe benutzt werden können.

▸ Der Gitterabstand muss so bemessen sein, dass die Nager weder ausbrechen noch den Kopf hindurchstecken können. In einem Käfig mit erwachsenen Tieren sollte er 12–15 mm betragen, für Jungratten bis zur zwölften Lebenswoche nicht mehr als 10 mm.

▶ Damit Sie für den Nachwuchs keine Extraunterkunft bauen müssen, befestigen Sie Kleintierdraht an der Innenseite des Käfiggitters. Er wird wieder entfernt, sobald die jungen Ratten ausgewachsen sind.

▶ In Käfigen mit dunklem Gitter kann man die Ratten besser beobachten als in Modellen mit verchromten oder metallisch glänzenden Gitterstäben.

Türen und Klappen

Wenn sich die täglichen Käfigarbeiten mühsam und zeitaufwendig gestalten, werden sie oft nur nachlässig erledigt. Damit es erst gar nicht so weit kommt, müssen alle Käfigbereiche über große Türen und Klappen zugänglich sein. Bei Fertigkäfigen ist es manchmal sinnvoll, zusätzliche Türen einzubauen, um die Futterreste und Hinterlassenschaften bequem und vollständig zu beseitigen, Einrichtungsgegenstände zur Reinigung herauszunehmen oder die Bewohner bei Bedarf umzusetzen, ohne ihnen Angst einzujagen. Doch Vorsicht: Türen sind

die Schwachstellen des Nagerdomizils. Die gewitzten Bewohner registrieren nämlich sehr schnell, wo ein Türchen nicht richtig schließt oder ein Schloss klemmt (→ Tipp unten).

Eine Wanne für die Sauberkeit

Eine 15–20 cm hohe Bodenschale aus festem Kunststoff verhindert, dass die »Wühlmäuse« die Einstreu beim Scharren in der ganzen Umgebung verteilen.

TIPP

Reparaturnotdienst

Sie dürfen wetten, wer es zuerst spitzbekommt, wenn irgendwo im Käfig eine Spalte groß genug für ein gelenkiges Nagetier ist oder eine Klappe nicht richtig schließt. Eile tut Not: Bessern Sie die Stelle möglichst schnell aus, weil Ihre Ratten hier sonst immer wieder einen Ausbruchsversuch starten werden.

Der richtige Platz für den Rattenkäfig

Ein wichtiges Kriterium, das schon beim Käfigkauf berücksichtigt werden muss, ist die Frage des geeigneten Standorts. In der Regel stellt die richtige Größe des Käfigs einen Kompromiss zwischen den Ansprüchen seiner künftigen Bewohner und Ihren Wohnraumverhältnissen dar.

Villa mit Aussicht Der Rattenkäfig gehört nicht auf den Boden. Die Furcht vor Luftfeinden (Greifvögeln) sitzt bei Ratten tief, ein von oben in den Käfig greifender Mensch versetzt sie schnell in Panik. Ideal ist ein 100–120 cm hoch gelegener Platz. So macht auch die Käfigreinigung weniger Mühe.
Prima Klima Die Raumtemperatur sollte 21–24 °C betragen, die Luftfeuchtigkeit 50–60 Prozent. Der Rattenkäfig darf nicht an der Heizung oder im direkten Sonnenlicht stehen.

WUSSTEN SIE SCHON, DASS …

… Ratten Sie vor allem am Geruch erkennen?

Blinde Hühner sind Ratten nicht, aber schon ein bisschen kurzsichtig. Für Dämmerungstiere ist das kein Beinbruch. Wichtiger ist das feine Näschen, dem kein Duft entgeht. Auch der Mensch wird vor allem am Geruch erkannt. Missverständnisse lassen sich vermeiden, wenn Sie im Umgang mit Ihren Tieren ein T-Shirt oder Hemd tragen, das nach Ratte riecht. Das »Rattenhemd« signalisiert der Käfigcrew sofort, dass hier ihr bester Freund kommt.

Mitten im Leben Ratten sind voller Tatendrang, und im Rudel ist immer etwas los. Trotzdem sind die Nager neugierig auf alles, was rund um ihr Eigenheim passiert. Der Käfig darf daher nicht in eine entlegene Ecke oder ein Zimmer abgeschoben werden, das kaum benutzt wird. Darüber hinaus fördert die ständige Nähe zum Menschen das Vertrauen und nimmt neuen Tieren schneller die Scheu.
Zwölf-Stunden-Tag Am Käfigstandort sollte der Hell-Dunkel-Rhythmus etwa zwölf Stunden betragen.

Lärmstopp Ratten haben ein ebenso leistungsfähiges wie empfindliches Gehör. An die normalen Umgebungsgeräusche gewöhnen sie sich meist schnell, bei übermäßig lauten und durchdringenden Tönen erschrecken sie sichtbar. Stellen Sie den Käfig also nicht neben TV oder Stereoanlage.
Schutz vor Zugluft Infektionen der Atemwege gehören zu den häufigsten Krankheiten bei Ratten. In vielen Fällen wird die Erkältung durch Zugluft ausgelöst. Achten Sie darauf, dass der Käfig sicher davor geschützt ist.

Tristesse im Käfig ist für Ratten das Schlimmste. Ein
Anti-Langeweile-Paket mit vielen Spiel-, Kletter- und
Versteckmöglichkeiten macht Ihre Rasselbande glücklich.

Die Käfigeinrichtung

Ratten müssen sich beschäftigen. Sie
wollen klettern, buddeln, balancieren
und auf Entdeckungstour gehen. Sie
brauchen Futterstellen und Toiletten,
Schlafhäuschen, Kuschelplätze, Aussichtsplattformen und Verstecke. Ein
geschickt und liebevoll eingerichteter
Käfig wird für seine Bewohner zum
aufregenden Abenteuerland, das auch
nach Wochen noch Überraschungen be-
reithält. Und wenn einmal alle Ecken erkundet sind, spendiert der Rattenmensch garantiert ein aufregend neues
Spielobjekt, das die Nagertruppe für
lange Zeit in Atem hält.

Kletterbaum

Ein kräftiger, verzweigter Ast, der fast
bis zur Käfigdecke reicht, ist der ideale
Kletterbaum. Da das Holz auch angeknabbert wird, dürfen Sie dazu auf
keinen Fall Äste, Zweige oder Wurzeln
unbekannter Herkunft verwenden. Vor
dem Einsetzen wird der Ast mit heißem
Wasser kräftig abgebürstet. Um älteren
Tieren den Aufstieg zu erleichtern,
können Sie ihn anschließend mit Sisal-
oder Kokosseilen umwickeln. Querseile
stellen die Verbindung zwischen den
Seitenästen her, Plattformen und Häuschen in den Astgabeln dienen als Aus-
sichtspunkte und Schlafplätze. Wichtig:
Der Kletterbaum braucht einen stabilen
Stand am Käfigboden. Darüber hinaus
muss er an mehreren Stellen fest am
Gitter verankert werden.

Etagenbretter

Beschichtete Spanplatten, lasiertes oder
wasserfest und giftfrei lackiertes Holz
(Holzlack nach DIN EN 71) und Kunst-
stoffbretter sind die besten Materialien
für den Etagenbau. Mit Klebefolien über-
zogene Brettchen dagegen müssen häufiger ausgetauscht werden, weil die Folie
angeknabbert wird. Nicht nur die Laufflächen, sondern auch die Kanten sollten
vor Feuchtigkeit und Urin geschützt
werden, zum Beispiel mit wasserfestem
Leim oder Lack. Im Gitterkäfig befestigen
Sie Bretter am einfachsten mit Schrauben
zum Einhängen, an den Holzwänden
mit Leim oder Nägeln. Sie können sie
hier aber auch auf Leisten und Winkel
setzen – so lässt sich alles problemlos
zum Reinigen herausnehmen.

*Ist das Eis erst ein-
mal gebrochen,
nimmt man den
Leckerbissen auch
aus der Hand.*

*Schaukeln finden die meisten Ratten toll.
Fehlt nur jemand, der für Bewegung sorgt.*

Einstreu

Die Käfigstreu muss Gerüche binden,
sie soll saugfähig, weich und staubfrei
sein und keinen Eigengeruch besitzen.
Geeignet sind Sägespäne, Holzpellets,
Stroh und Streu auf Hanf- oder Mais-
basis. Nicht verwenden sollten Sie Sand,
Torfmull und mineralische Katzenstreu.
Höhe der Streuschicht: ca. 10 cm.

Häuschen

Häuschen sind unverzichtbare Einrich-
tungsgegenstände eines Rattenkäfigs.
Auch wenn oft mehrere Bewohner in
einem Haus schlafen, sollte auf jeder
Etage eine Unterkunft stehen, damit ein
Tier sich bei Bedarf zurückziehen kann.
Im Fachhandel gibt es nur wenige Fertig-
häuser für Ratten, am besten weichen Sie
auf Häuschen für Meerschweinchen aus.
Für den Eigenbau ist Holz das richtige
Material. Wie die Etagenbretter muss es

vor Urin und Feuchtigkeit geschützt
werden. Originell ist ein umgedrehter
Blumentopf aus Ton (mit herausgebro-
chener Öffnung). Sogar fester Karton
eignet sich, saugt aber Nässe auf und
verschmutzt schnell. Platzsparend sind
Hängehäuschen fürs Käfiggitter. Bei
allen Modellen müssen die Einstiegs-
luken ausreichend groß sein, innen
sollten zwei bis drei Tiere Platz haben.
Häuser mit Flachdach bieten einen zusätzlichen Aussichtsplatz. Als Nestmaterial eignen sich Zeitung, Papiertaschentücher, Küchen-, Toilettenpapier
und vieles mehr. Die Auspolsterung muss
regelmäßig ersetzt werden. Gefährlich
ist Watte (auch Hamsterwatte), die sich
um Füße und Zehen wickeln und sie ab-
schnüren und absterben lassen kann.

Nippeltränken

Eine außen am Käfiggitter befestigte
Nippeltränke ist das einzig richtige und
hygienisch einwandfreie Trinkgerät für
Ratten. Zur Grundausstattung des Käfigs
gehören mindestens zwei Tränken. Offene
Trinkschalen sind ein Gesundheitsrisiko,
weil sich in ihnen Schmutz und Krankheitskeime ansammeln können.

Futternäpfe

Ratten setzen sich beim Fressen gerne
auf den Rand des Futternapfs. Damit
dieser nicht umkippt, brauchen Sie sehr
standfeste Modelle, beispielsweise aus
Keramik. Körner- und Saftfutter bieten
Sie in eigenen Schüsseln an. Größere
Gruppen brauchen mehrere Futternäpfe.
Platzieren Sie diese nicht unmittelbar in
Gitternähe, sondern eher im Zentrum
des Käfigs. Da die oft frequentierten
»Trampelpfade« des Rudels am Gitter
verlaufen, verschmutzt das Futter dort
nämlich viel zu schnell.

Die Grundausstattung
auf einen Blick

▶ Kletterast und Streu

Ein großer Ast oder Kletterbaum ist der Mittelpunkt des Rattenlebens. Er lädt zum Turnen und Kraxeln ein und bietet die besten Aussichtsplätze (ganz links). In der lockeren Einstreu kann man nach Herzenslust buddeln (Foto links).

Häuser und Toilette ▶

Schlaf- und Ruhehäuschen sollten auf jeder Etage des Käfigs stehen (rechts). Ratten gewöhnen sich an eine Kleintiertoilette, wenn sie in ihrer bevorzugten »Geschäftsecke« aufgestellt wird (Foto ganz rechts).

◀ Fressnapf und Tränke

Der Fressnapf muss stabil und so schwer sein, dass er nicht kippt, wenn sich eine Ratte auf seinen Rand setzt (ganz links). Die Nippeltränke ist eine saubere Sache und der einzig richtige Trinkwasserspender für die Nager (links).

Kletterseile und Strickleitern

Kletterseile und Strickleitern machen müde Ratten munter. Über die Seile und Leitern können sie exponierte Punkte wie die Außenäste des Kletterbaums oder einzelne Aussichtsplattformen auf direktem Weg erreichen. Kletterseile aus Hanf, Sisal oder Kokosfasern sind besonders widerstandsfähig und bieten den Krallen sicheren Halt. Dicke Knoten im Seil werden als Sitzwarten benutzt und erleichtern auch weniger gelenkigen Senioren den Aufstieg. Mit Querseilen verbindet man Sitzbretter und Äste oder spannt sie durch den ganzen Käfig. Sie fordern und fördern Gleichgewichtssinn und Körperkoordination und machen den quirligen Nagern offensichtlich ganz besonderen Spaß.

Treppen und Rampen

Neben dem Kletterbaum stellen Treppen und Rampen die Hauptverbindung zwischen den Etagen her. Hartplastik lässt sich zwar besser sauber halten als Holz, bietet den Nagerfüßen aber wenig Halt. Kunststofframpen sollten daher nur in einem flachen Steigungswinkel verlegt werden. Bei steilen Treppen verhindern Geländer, dass die Benutzer seitlich abrutschen oder gar abstürzen.

Schaukel

Ratten sind vernarrt in alles, was sich bewegt und bewegen lässt. Die Schaukel gehört zu den erklärten Lieblingsspielgeräten. Streit um die Benutzerrechte lässt sich mit einer zweiten Schaukel meistens vermeiden.

MEIN HEIMTIER

Wie fit sind meine Ratten?

»Volle Kanne« heißt das Motto für die meisten Ratten, wenn es um Spiel und Sport geht. Doch die individuellen Unterschiede sind groß, und die Senioren lassen es meist langsamer angehen. Der Test offenbart, wer bei der Fitness das Näschen vorn hat.

Der Test beginnt:

○ Wer ist der Klettermeister der Gruppe und schafft den Aufstieg am Seil in Rekordzeit?
○ Welche Tiere nehmen lieber die Treppe, um in die oberen Stockwerke zu gelangen?
○ Bevorzugen die Ratten Kletterseile mit Knoten, auf denen sie sich ausruhen können?
○ Wer hält am besten das Gleichgewicht beim Balancieren auf Stegen und Querseilen?
○ Ist die Schaukel immer in Bewegung, weil sie der ganzen Truppe tierisch viel Spaß macht?

Mein Testergebnis:

Toller Turm: Der Klettergarten mit Rampen, Seilen, Plattformen und Häuschen sorgt für große Begeisterung. Beim Freilauf hat man damit die quirlige Truppe immer gut im Blick und verhindert, dass allzu naseweise Entdecker auf Abwege geraten.

Röhren und Tunnel

Die wilden Wanderratten leben in unterirdischen Erdbauen und in bodennahen Verstecken. Und auch ihre Heimtierverwandten werden von geheimnisvollen Spalten und dunklen Löchern magisch angezogen. Tunnel und Röhren dürfen daher in keinem Käfig fehlen. Ungeeignet sind Hamstertunnel: Sie sind viel zu eng, und auf den glatten Böden finden die Nagerfüße keinen Halt.

Hängematte

Zum Relaxen, als Zweitschlafplatz und als Aussichtsplattform ist eine Hängematte ideal. Wählen Sie ein derbes, möglichst schmutzresistentes Material, zum Beispiel Jeansstoff oder Putztücher. Vorsicht: Frotteegewebe besteht aus gekräuseltem Zwirn, in dessen Schlaufen sich die Krallen und Zehen der Ratten verhaken können.
Hängematten haben eine weitere Funktion: Als Fangnetze unter Querseilen und Laufstegen verhindern sie im Ernstfall einen Absturz auf den Käfigboden.

Wühlkiste und Knabberkost

▸ Ratten graben mit Leidenschaft. Gebuddelt wird in der Einstreu, mehr Spaß macht aber eine Wühlkiste. Sie kann abwechselnd mit Papier, Sand oder Laub gefüllt werden und bleibt so immer interessant – vor allem, wenn es geheimnisvoll raschelt oder Leckereien darin versteckt sind. Eine im Zimmer platzierte Wühlkiste sorgt beim Auslauf dafür, dass man seine Freigänger im Blick behält.
▸ Ratten brauchen Knabbermaterial, das die Nagezähne kurz hält. Geeignet sind ungespritzte Zweige, Nagesteine auf Gipsbasis, unbehandeltes Holz, aber auch Hundekuchen.

Toilettenschale

Ratten setzen ihren Kot meist in einer bestimmten Käfigecke ab. Wenn Sie hier eine Toilette (Kleintiertoilette oder Plastikschale) aufstellen, wird sie schnell angenommen. Geeignete Füllmaterialien sind zum Beispiel Vogelsand aus dem Zoofachhandel oder Zeitungspapier.

Alles für die Fitness

Klettern liegt Ratten im Blut. Doch da jedes Tier eine kleine Persönlichkeit mit eigenen Vorlieben ist, gibt es ganz unterschiedliche Klettertypen. Um allen Ansprüchen gerecht zu werden, sollte der Käfig mit möglichst vielen verschiedenen Klettergeräten ausgestattet sein.

Ratten sind die geborenen Hochseilartisten. Die besten Klettergeräte sind gerade gut genug.

Kletterseil Am Kletterseil kommt man am schnellsten nach oben, der Aufstieg verlangt aber Geschicklichkeit und Kraft. Das Seil muss den Krallen deshalb ausreichend Halt bieten und darf nicht zu dünn sein, damit auch der »Gegenverkehr« passieren kann. In der Regel wird das Seil oben und unten befestigt; an eine frei hängende Variante müssen die Tiere herankommen, wenn sie sich aufrichten. Eine Plattform am oberen Ende erleichtert den Ausstieg.

Strickleiter Die Strickleiter ist keine Alternative zum Kletterseil. Der Aufstieg gestaltet sich vor allem für ältere Tiere mühsam, und nicht selten bleiben sie an den Sprossen hängen. Am einfachsten lässt sich eine Strickleiter bewältigen, wenn sie oben und unten befestigt und straff gespannt ist.

Balancierseil Mit Querseilen lassen sich fast alle Objekte im Käfig verbinden. Für die Bewohner stellen sie eine besondere Herausforderung dar, immer wieder ihre Balancierkünste zu erproben. Kaum hat ein Hochseilartist das Seil in einer Richtung passiert, folgt schon der Testlauf in Gegenrichtung. Trotz des ausgeprägten Gleichgewichtssinns und eines Schwanzes, der im Notfall als Sicherheitsleine dient, sind auch Ratten nicht vor Abstürzen gefeit. Damit ein falscher Schritt nicht böse endet, sollten Sie unter jedem Seil eine Hängematte oder ein Netz spannen.

Treppe und Rampe In jedem ordentlichen Haus mit mehreren Stockwerken gibt es Treppen (→ Seite 38). Die älteren Semester im Rattenkäfig verzichten gern aufs kraftraubende Kletterseil, und auch wer mit Futterbrocken oder Spielzeug unterwegs ist, nimmt lieber die Treppe. Rampen brauchen mehr Platz als Treppen. Auf sehr steilen Rampen sorgen Querleisten für den nötigen Grip.

Laufröhre Mit einem Steigungswinkel von mehr als 20–30 Grad lassen sich nur Röhren aus griffigen Werkstoffen verlegen, etwa Drainagerohre, Tonröhren und feste Papprollen. Beim Kletterversuch in Plastikröhren rutschen die Ratten ab. Längere Röhren sollten mit mehreren Ausstiegslöchern versehen werden.

Gitter Das Käfiggitter ist ein universelles Klettergerät; waagerecht verlaufende Gitterstäbe eignen sich dazu am besten. Achten Sie auf eine stabile Metallausführung und den richtigen Gitterabstand (→ Seite 32). Mit Kunststoff bezogene Stäbe werden angeknabbert und sind nicht empfehlenswert. Je größer die freie Kletterfläche ist, desto besser.

Hosen und Taschen Aus einem abgeschnittenen Hosenbein (Leinen, Jeans) oder einem Jutebeutel lassen sich tolle Kletterröhren basteln. Hosenbein oder Beutel an einem Etagenbrett befestigen; geklettert werden kann innen und außen. Und die Gesäß- oder Hosentaschen sind ebenfalls ein wunderbares Versteck.

Die besten Klettergeräte
auf einen Blick

Free climbing ▶

Balancieren auf schwan-
kendem Seil verlangt eine
Menge Geschick und Kör-
perbeherrschung (rechts).
Der Aufstieg am Käfiggitter
ist für das Bergsteiger-Trio
kaum mehr als eine Finger-
übung (ganz rechts).

◀ Aussicht und Einstieg

Das Dach des Häuschens ist
der perfekte Ruhe- und Aussichtsplatz (Foto ganz links).
Ein Ast oder eine Treppe dienen als Einstiegshilfe, damit
die Ratten nach dem Freilauf
selbstständig in den Käfig zurückkehren können (links).

Akrobaten der Lüfte ▶

Kletterprofis wie die Ratten
scheuen auch waghalsige
Aktionen nicht – selbst
wenn der Abstieg von der
Schaukel Probleme macht
(rechts) oder die Strickler-
ter unversehens zur Seite
kippt (Foto ganz rechts).

Fertigkäfig oder Eigenbau?

Wer sich nicht zutraut, einen Käfig für seine Ratten selbst zu zimmern, sucht im Fachhandel oder Internet nach einem passenden Fertigmodell. Sowohl beim Kauf wie beim Eigenbau sollten Sie ein paar wichtige Punkte beachten.

Fertigkäfig Das Angebot an Käfigen, die alle Anforderungen der Rattenhaltung erfüllen, ist leider begrenzt – sowohl im Zoofachhandel wie im Internet.

▸ Ein Rattenkäfig muss mindestens 1 m hoch sein, bei mehr als vier Bewohnern sogar deutlich höher. Handelsübliche Käfige sind in der Regel zu niedrig, nicht selten auch solche, die speziell als Rattenheim angeboten werden.

▸ Käfige für Meerschweinchen und Hamster sind zu niedrig und bieten den Nagern deshalb keine ausreichenden Klettermöglichkeiten.

▸ Große Vogelkäfige sind in der Regel zwar hoch genug, wegen zu großer Gitterabstände und der nicht selten schlecht gesicherten Türen aber nicht ausbruchsicher.

▸ Aquarien und Terrarien scheiden aus. Die Belüftung ist unzureichend, es lassen sich keine Etagen anbringen, und klettern können die Ratten in diesen Becken überhaupt nicht.

▸ Streifenhörnchenkäfige kommen der Wunschwohnung für Ratten in puncto Abmessungen und Gitterstruktur relativ nahe. Aber selbst hier muss der Halter beim Einrichten viel Sorgfalt und Fantasie investieren, um den Käfig rattengerecht zu gestalten. Das gilt besonders für größere Gruppen.

Eigenbau Ein selbst gebauter Käfig hat viele Vorzüge: Er entspricht in Größe und Aussehen den Vorstellungen seines Erbauers; er kann der Zahl und den Vorlieben seiner Bewohner, gleichzeitig aber auch den Wohnraumverhältnissen angepasst werden; er lässt sich aus überall erhältlichen, leicht zu verarbeitenden und preiswerten Materialien erstellen.

▸ Wer seinen Rattenkäfig vom ersten Brett bis zur letzten Schraube selbst bauen will, findet im Baumarkt alle Werkstoffe, die er braucht: Bretter, Spanplatten, Scharniere, Winkeleisen, Riegel, Draht und Kunststoffleisten (für die Sockelumrandung des Käfigs).

▸ Drahtgeflecht (Kleintierdraht) gibt es im Rollenformat im Baumarkt. Bei einer Lochgröße von ca. 10 x 10 mm können die Tiere problemlos daran hochklettern. Achten Sie darauf, dass der Draht keine scharfen Kanten hat.

◂ *Rattenheim im Eigenbau: Ein bisschen handwerkliches Geschick und Zubehör aus dem Baumarkt. Mehr braucht es nicht, um den Nagerkäfig ganz nach seinen eigenen Wünschen zu basteln.*

▶ Auch ohne handwerkliches Geschick lässt sich ein Käfig basteln, bei dem nur die Vorderseite mit Draht verkleidet ist, während die übrigen Seiten aus Holz bestehen (Schrankkäfig). An den Holzwänden lassen sich Etagenbretter und Einrichtungsgegenstände leicht anbringen.

▶ Eine passende Bodenwanne aus festem Plastik finden Sie in Kaufhäusern oder Baumärkten. Der Rand muss mindestens 15 cm hoch sein.

▶ Wer keine Zeit oder Geduld zum Selberbauen hat, macht aus der Not eine Tugend und funktioniert ein altes Schränkchen zum Rattendomizil um: Einfach die Schranktüren entfernen und die Front mit Kleintierdraht bespannen.

▶ Holzbretter müssen entweder giftfrei lackiert oder lasiert (→ Seite 35) oder mit Folie beklebt werden. Vergessen Sie nicht, auch die Schmalseiten vor Rattenurin zu schützen. Am wichtigsten ist jedoch, dass sämtliche Bauteile passgenau verbunden sind, um Ausbruchsversuche zu vereiteln. Das gilt für die Käfigecken, besonders aber für Türen und Klappen und alle Stellen, an denen mit unterschiedlichen Werkstoffen gearbeitet wurde.

Praktisch muss es sein

Denken Sie sowohl beim Kauf wie beim Selbstbau daran, dass der Käfig gut zugänglich ist, damit das Hantieren im Inneren keine Mühe macht. Türen und Klappen müssen sich weit öffnen und so angebracht sein, dass sich jede Etage und Käfigecke ohne Verrenkungen erreichen lässt. Nur dann können Sie das Nagerheim auf Dauer sauber halten und bei Bedarf einzelne Objekte austauschen.

CHECKLISTE

Der TÜV für den Rattenkäfig

Wilde Kletterpartien und Verfolgungsjagden, waghalsige Sprünge und Hochseilaktionen sind im Rattenkäfig an der Tagesordnung. Damit die Tiere sich nicht verletzen, muss alles stabil gebaut und sicher befestigt sein.

○ Wählen Sie ein Käfigmodell mit waagerecht verlaufendem Gitter mit einem Gitterabstand von maximal 15 mm.

○ Bei Jungtieren darf der Gitterabstand nicht größer als 10 mm sein. Alternative: innen am Gitter Kleintierdraht anbringen.

○ Alle Türen und Klappen müssen stabil und ausbruchsicher sein. Evtl. zusätzlich mit Riegel oder Vorhängeschloss versehen.

○ Große Fronttüren (ein- oder zweiflüglig) erleichtern das Einrichten und Säubern.

○ Achten Sie beim Einrichten auf die sichere Befestigung des Inventars. Prüfen Sie Aufhängungen und Verbindungen regelmäßig.

○ Der Innendurchmesser von Röhren und Tunnels muss so groß sein, dass auch die dickste Ratte nicht stecken bleibt.

○ Breite Durchstiegsöffnungen erleichtern den Aufstieg zur nächsten Etage.

○ Fangnetze und Hängematten unter Querseilen und Schaukeln verhindern Abstürze.

○ Geländer sichern Rampen und Treppen.

Die spannende Welt der Ratten

Die Begeisterung für Tiere muss wohl bei kaum einem Kind geweckt werden. Damit aus dem vierbeinigen Kameraden jedoch kein Spielzeug wird, müssen Sie Ihren Kindern die Welt und das Wesen der Tiere erklären. Mehr als für andere gilt das für kleine Heimtiere wie die Ratten.

KINDER SIND NEUGIERIG und wissbegierig. Alles, was sich um Tiere dreht, verfolgen sie mit großen Augen, ganz besonders, wenn die »Anschauungsobjekte« mit ihnen unter einem Dach leben. Da braucht es keine zusätzlichen Anreize, um ihnen die Ansprüche und das Verhalten der Tiere nahezubringen.

Das Vorbild der Eltern

Ratten sind faszinierend. Für Kinder gilt der Satz ohne Einschränkung: Anders als so mancher Erwachsene empfinden sie beim Anblick einer Ratte weder Angst noch Ekel. Diese Distanz stellt sich bei ihnen nur ein, wenn sie bei Eltern und anderen Menschen ihres Umfelds immer wieder entsprechende Abwehrreaktionen beobachten. Kinder, deren Eltern aufmerksam und behutsam mit Ratten umgehen, entwickeln dagegen ein vorurteilsfreies und liebevolles Verhältnis zu den Nagern, das auf Dauer Bestand hat.

Abenteuerlich wie Märchen aus 1001 Nacht

Tierleben kann spannend sein, und das der Ratten ist es allemal. Selbst drei- und vierjährige Kinder lassen sich von Geschichten über Ratten und ihre Besonderheiten verzaubern. Nehmen Sie sich die Zeit, ihnen von den ungewöhnlichen Sinnesleistungen, der Intelligenz und komplexen Sprache, vom versteckten Leben und der friedlichen Gemeinschaft des Rudels zu erzählen. Es ist gar nicht ausgeschlossen, dass die Rattengeschichten den abendlichen Märchenklassikern bald den Rang ablaufen.

Erstes Kennenlernen

Jüngere Kinder bis zum sechsten Lebensjahr sollten nicht alleine mit den Ratten sein. Kennenlernen heißt in diesem Alter vor allem, die Tiere und ihr typisches Verhalten immer wieder zu beobachten und die Erwachsenen mit Fragen zu löchern, wenn sich im Käfig etwas tut, was man nicht versteht. Am schönsten geht das, wenn sich Kinder und Erwachsene regelmäßig für eine halbe Stunde vor den Rattenkäfig setzen und ihre Beobachtungen austauschen. Das ist garantiert so abwechslungsreich wie das Kinderprogramm im Fernsehen.

Sanfter Kontakt

Die Ratte auf der Hand der Eltern dürfen die Kleinen behutsam anfassen und streicheln. Sie spüren dabei den weichen Körper, berühren die zarten Beine und Füße. Selbst in die Hand nehmen und hochheben sollten kleinere Kinder eine Ratte aber noch nicht.

Profihilfe Erfahrene Halter geben Anfängern, die ihren Rattenkäfig selbst bauen wollen, gerne Tipps. Kontakte knüpfen Sie über Rattenclubs und auf den Internetseiten zum Thema Rattenhaltung (→ Adressen, Seite 141).

Rattenkäfige de luxe

Bei Internetanbietern für Tierzubehör und im gut sortierten Fachhandel finden Sie eine kleine Auswahl hochwertiger Käfige, die sich auch für Ratten eignen.

▸ Beispiel 1: Käfig mit Aluminiumrahmen, Außenmaße 85 x 55 x 147 cm (Länge/Breite/Höhe), zwei 34 x 28 cm große Fronttüren, schwarzes Gitter aus 2 mm dickem Draht, Gitterabstand 6 mm. Vier Rollfüße mit Bremsen, ausziehbarer Bodenrost zum leichteren Reinigen der Unterwanne. Etagen, Leitern und Häuschen aus Holz. 16 cm hohe Plastikplatten verhindern, dass die Einstreu beim Wühlen im Zimmer verteilt wird. Preis: etwa 230.– Euro.

▸ Beispiel 2: Nagervoliere aus pulverbeschichtetem Metall auf Rollfüßen, Maße 120 x 81 x 201 cm, zwei Haupttüren 40 x 31 cm, vier Seitentüren, Gitterabstand 13 mm. Fünf Leitern aus Metall, drei Metallschalen, vier Doppelnäpfe. Preis: etwa 325.– Euro.

Allerdings müssen auch diese und ähnliche Käfige an die speziellen Bedürfnisse der Ratten angepasst werden – beispielsweise durch zusätzliche Etagen, Häuschen und weitere Kletterangebote.

1 **Wohnen mit Stil** Für die Größe des Rattenkäfigs gibt es keine Obergrenze. Durch den Einbau von Stockwerken lässt sich der Wohnraum bei gleichen Außenabmessungen um ein Mehrfaches vergrößern.

2 **Tag der offenen Tür** Selbst Ratten, die in einer großzügigen Nagervilla logieren, brauchen den täglichen Freilauf im Zimmer. Die Käfigtür bleibt während dieser Zeit offen, damit die Freigänger jederzeit heimkehren können.

Fragen zu
Käfig und Ausstattung

? **Einen Käfig für die Ratten selbst zu bauen, traue ich mir nicht zu. Wie teuer ist ein Fertigkäfig für drei bis vier Tiere?**
Je größer ein Käfig ist, desto abwechslungsreicher lässt er sich gestalten. Daher gibt es auch beim Preis (fast) keine Obergrenze. Für zirka 150.– Euro bekommen Sie einen stabilen Käfig mit einem Maß von 80 x 60 x 120 cm (Länge x Breite x Höhe), der sich für eine Gruppe von vier Ratten eignet. Allerdings ist die Ausstattung der meisten handelsüblichen Käfige nicht optimal, sodass Sie bei der Einrichtung oft noch selbst Hand anlegen müssen, etwa um weitere Etagen einzubauen.

? **Ich baue einen kleinen Schrank zum Käfig um. Die Front besteht aus Kleintierdraht. Wie mache ich die Türen?**
Ideal ist eine große Tür, die die Hälfte der Vorderseite oder besser noch die ganze Front einnimmt. Sie sollte in einem stabilen Metallrahmen sitzen und bis zum unteren Käfigrand gehen. Das erleichtert Ihren Ratten den Ausstieg beim täglichen Auslauf. Um nicht für jede Handreichung die große Tür öffnen zu müssen, bauen Sie zwei weitere Türchen ein. Bei einer ganzseitigen Haupttür sitzen beide in der großen Tür, ansonsten kommt eine Klappe daneben. Messen Sie vorher aus, welche Stellen sich für den zusätzlichen Zugang in den Käfig am besten eignen.

? **Zeitungspapier ist weich und bindet die Feuchtigkeit sehr gut. Aber schadet es den Ratten, wenn sie es fressen?**
Früher war Zeitungspapier wegen der Druckerschwärze nicht unbedenklich. Bei den heutigen Druckverfahren besteht aber keine Gefahr mehr, wenn die Nager daran knabbern. Anders sieht es bei Papier aus, das mit Laser- oder Tintenstrahldruckern bedruckt wurde. Es gehört auf keinen Fall in den Rattenkäfig.

? **Zu den drei Ratten in meinem Käfig kommen demnächst zwei neue dazu. Dann wird es eng. Jetzt habe ich von erweiterbaren Käfigen gehört. Wie funktioniert das?**
Erweiterbare Käfige basieren auf dem Baukastensystem: Jedes einzelne Modul ist so konstruiert, dass es sich bei Bedarf ohne Aufwand mit weiteren Bausteinen zu einem Verbundsystem zusammensetzen lässt. Meist gibt es ein Basismodul und Erweiterungsmodule, die alle identische Abmessungen besitzen. Leider werden solche ausbaufähigen Käfigsysteme nur selten im Fachhandel angeboten. Wenn Sie Ihren Ratten lediglich ein bisschen mehr Bewegungsraum anbieten möchten, können Sie zum Beispiel weitere Häuschen einsetzen, die nicht auf den vorhandenen Etagen stehen, sondern direkt am Gitter des Käfigs befestigt werden oder wie eine Ampel frei von der Decke eines Stockwerks herabhängen.

? **Meine Ratten sind extrem neugierig und inspizieren ständig alle Käfigecken. Fördert es ihren Entdeckerdrang, wenn ich die Einrichtung häufig umgestalte?**

Lieber nicht. Für die Nager ist es wichtig, dass sie im Käfig, dem Zentrum ihres Reviers, über jedes Detail und die Position aller Objekte genau Bescheid wissen. Nur weil sie sich die Topografie so gut eingeprägt haben, können sie auch traumwandlerisch sicher durch ihr Reich flitzen. Ist plötzlich alles anders und stehen Häuschen, Treppen, Leitern und Kletterseile nicht mehr am gewohnten Ort, kommt es leicht zu Fehltritten und Stürzen. Darüber hinaus reagiert die ganze Truppe verunsichert, was auch zur Folge hat, dass sämtliche Einrichtungsgegenstände wieder intensiv markiert werden. Beschränken Sie daher den Umbau oder Austausch des Inventars immer auf einige wenige Objekte.

? **Ich bin elf und finde Ratten toll. Leider duldet meine Mutter keine im Haus, weil sie glaubt, dass dann alles nach Ratte riecht. Stimmt das?**

Die Furcht ist völlig unbegründet. Ratten gehören zu den reinlichsten Tieren überhaupt und putzen sich ausgiebig und regelmäßig. Im Vergleich registriert man Mäusegeruch viel stärker. Ein leichter Duft geht höchstens von den Männchen aus, wenn sie markieren. Aber selbst da muss man fast schon mit der Nase draufstoßen. Gerüche bei der Haltung von Ratten entstehen in der Regel nur, wenn die Reinigung des Käfigs vernachlässigt wird.

? **Darf man eigentlich Katzenstreu für die Rattentoilette benutzen?**

Katzenstreu bindet Gerüche und ist saugfähig. Von daher ist sie durchaus auch für die Ratten geeignet. Es gibt jedoch zwei Einschränkungen: Mineralstreu sollte man seinen Tieren nicht zumuten.

Die Streusplitter sind hart und spitz, was den sensiblen Nagerfüßen überhaupt nicht guttut. Darüber hinaus enthält mineralische Katzenstreu fast immer chemische Zusätze. Bei Weichholzstreu gibt es diese Probleme nicht. Auf keinen Fall sollten Sie eine Katzenstreu verwenden, die beim Feuchtwerden verklumpt. Was bei Katzen gut ist und die Reinigung erleichtert, kann bei Ratten böse enden: Die Tiere könnten die Bröckchen fressen und diese dann in ihrem Magen verklumpen.

? **Unser Käfig läuft auf Rollen. Darf man ihn auch mal ins Freie stellen, damit die Ratten Frischluft tanken können?**

Ratten leiden recht häufig an Atemwegsproblemen. Hauptursache ist Zugluft. Selbst in der Terrassenecke sind sie davor nicht sicher. Lassen Sie den Käfig also lieber im Haus. Ist die Front aus Draht, entsteht kein Geruchsstau, und es gibt genug Frischluft.

Kennenlernen und eingewöhnen

Ratten sind vorsichtige, aber auch sehr neugierige Tiere. Meist dauert es nicht lange, bis sich die neuen Käfigbewohner mit ihrem Besitzer und der fremden Umgebung angefreundet haben.

Der richtige Start ins Rattenleben

Ratten sind kleine Tiere, und sie verbringen die meiste Zeit des Tages in ihrem Käfig. Doch sie stellen durchaus Ansprüche, über die sich jeder Halter schon vor dem Kauf im Klaren sein muss. So lassen sich mögliche Probleme von vornherein vermeiden.

VERANTWORTUNG FÜR KUSCHELZWERGE
Ohne die Artgenossen geht es nicht: Nur im Sozialverband des Rudels fühlen sich Ratten sicher und geborgen. Doch der Mensch ist genauso wichtig: Heimtierratten brauchen und suchen die Nähe und den Körperkontakt zu ihrem Besitzer – unabhängig davon, ob sie zu zweit oder in einer zehnköpfigen Gruppe leben. Für den Rattenhalter ist das Vertrauen die schönste Bestätigung, dass er ein gutes Händchen für seine Nager hat (→ Seite 53). Zugleich hat er aber auch die Verpflichtung, den Ansprüchen der Tiere gerecht zu werden.

Was Sie vor dem Kauf beachten müssen

Ratten sind witzig und liebenswert. Wer jedoch nur seinem Gefühl nachgibt und sich spontan zur Haltung entschließt, tut sich und den Tieren nichts Gutes. Mit kühlem Kopf sollten Sie folgende Punkte vor dem Kauf prüfen.
Allergietest Zu Unverträglichkeitsreaktionen kommt es heute häufiger als je zuvor. Wie auch andere Felltiere können Ratten Allergien auslösen. Im Zweifelsfall bringt ein Allergietest bei einem Hautarzt Klärung.

Gemeinsame Sache Als Single müssen Sie auf niemanden Rücksicht nehmen. Sonst aber gilt: Egal ob Lebenspartner, Kinder, Oma oder Wohngemeinschaft, alle müssen der Haltung zustimmen. Nicht wenige Menschen ekeln sich vor Ratten oder haben Angst vor ihnen – selbst wenn der Käfig in einem anderen Zimmer steht und sie nie direkt mit den Tieren in Berührung kommen.
Platzreservierung Je größer, desto besser: Ein Rattenkäfig beansprucht viel Platz und darf nicht in eine Ecke oder einen nur selten benutzten Raum abgeschoben werden. Lässt sich der Käfig in Ihre Wohnung integrieren?

Kuschelzeit: Kinder sind von den aufgeweckten und zutraulichen Nagern begeistert. Und für die Ratten gibt es nichts Schöneres, als mit ihrem vertrauten Spielpartner zu schmusen.

Tierleben Wenn Ratten mit anderen Heimtieren unter einem Dach leben, lassen sich Probleme nicht immer ausschließen. Für Hund und Katze sind die Nager Beutetiere, und trotz zahlreicher Beispiele eines friedlichen Zusammenlebens kann die Harmonie schnell in Gefahr geraten. Für kleinere Haustiere stellen wiederum die Ratten eine potenzielle Gefahr dar.

Auslauf Die tägliche Freizeit außerhalb des Käfigs ist ein Muss für die gesamte Nagertruppe. Etwa zwei Stunden sind das Optimum; bei einer großen Gruppe erhalten nicht alle gleichzeitig Auslauf. Bringen Sie die Zeit dafür auf? Nehmen Sie es in Kauf, dass hier und da markiert wird oder eine Ratte einmal hinter dem Bücherregal verschwindet?

Schmusezeit Ratten brauchen viel Zuwendung und den Körperkontakt zum Menschen. Die regelmäßigen Schmusezeiten am Morgen oder Abend festigen das Vertrauen. Lässt sich das mit Ihrem Tagesablauf vereinbaren?

Pflegedienst Vor der Anschaffung sollten Sie unbedingt klären, wer für Pflege, Fütterung und Käfigreinigung zuständig ist und wer als Ersatz einspringen kann.

TIPP

Stressfrei unterwegs

Wie alle kleinen Heimtiere dürfen Ratten nur in einer ausbruchsicheren Box verreisen. Die Transportbox muss gut belüftet sein und wird am besten mit der vertrauten Einstreu ausgepolstert. Ein Häuschen gibt Sicherheit und dient als Unterschlupf. Futter müssen Sie den Tieren nur auf längeren Fahrten anbieten.

Finanzplanung Die Haltung kleiner Heimtiere reißt kein großes Loch in den Geldbeutel. Nicht sparen sollten Sie jedoch am Käfig und an der Einrichtung. Zusätzliche Kosten können für medizinische Versorgung sowie die Pflege und Betreuung der Heimtiere in der Urlaubszeit entstehen.

Kinder und Ratten Fast alle Kinder sind von Ratten begeistert. Es liegt in der Verantwortung der Erwachsenen, die häufig überschwängliche Zuneigung ein wenig zu dämpfen und die Kinder zu einem fürsorglichen und behutsamen Umgang mit den Tieren anzuleiten (→ Seite 56). Das braucht Zeit und Geduld.

Medizinmann Nehmen Sie schon vor dem Rattenkauf Kontakt zu einem Tierarzt auf, der in Ihrer Nähe praktiziert und Erfahrung in der Behandlung von Kleinsäugern hat. Er kann Ihnen wichtige Tipps für die ersten Wochen mit den Nagern geben und kennt sicher auch die Adressen kompetenter Tiersitter.

Verhütungsmittel Ratten sind außerordentlich fruchtbare Tiere. Um unerwünschten Nachwuchs zuverlässig zu verhüten, halten Sie die Geschlechter am besten getrennt. In einer gemischten Gruppe müssen die Männchen kastriert sein. Nur wer tatsächlich mit seinen Tieren züchten will, darf die Weibchen gemeinsam mit unkastrierten Böcken in einem Käfig halten.

Nachwuchsvermittlung Beginnen Sie mit der Rattenzucht auf keinen Fall, bevor sich nicht zuverlässige Abnehmer für die Jungtiere gefunden haben.

Rat-Sitter Eine zuverlässige Urlaubsbetreuung für die Ratten ist nicht immer leicht und schnell zu finden. Machen Sie sich schon nach dem Kauf der Tiere auf die Suche und weisen Sie den Betreuer ein (→ Tiersitter-Pass, Seite 136–137).

Röhren, Tunnels und dunkle Höhlen ziehen alle Ratten
magisch an und sollten in keinem Käfig fehlen.

Woher bekomme ich meine Ratten?

Für welche Bezugsquelle Sie sich auch entscheiden, keines dieser »Argumente« sollte Sie zum Kauf verleiten:

▸ Sie haben Mitleid mit den Tieren, weil ihre Zukunft ungewiss ist.

▸ Freunde, Verwandte oder Bekannte wissen nicht, wo sie den Nachwuchs ihrer Ratten unterbringen können.

▸ Sie haben zum allerersten Mal eine Ratte kennengelernt und sind ihrem Charme und liebenswerten Wesen mit Haut und Haaren verfallen.

▸ Um des lieben Friedens willen geben Sie dem Drängen Ihrer Kinder nach.

In allen Fällen ist die Ausgangssituation für eine glückliche Partnerschaft von Mensch und Ratte denkbar ungünstig. Und nicht selten werden die Tiere schon nach kurzer Zeit wieder abgegeben.

Züchter Bei Tieren anerkannter Züchter können Sie in der Regel sicher sein, dass sie gesund sind und keine Verhaltensauffälligkeiten zeigen. Trotzdem sollten Sie die Haltungsbedingungen auch bei Züchtern unter die Lupe nehmen, die Ihnen vom Tierarzt, von Rattenclubs oder anderen Rattenhaltern empfohlen wurden (→ Seite 53). Besuchen Sie zwei oder drei Züchter, um vergleichen zu können. Auch wer sich für eine ganz bestimmte Farbvariante interessiert, kommt am Züchter nicht vorbei. Dabei lohnt es sich aber vor allem für Erstkäufer, vor der Entscheidung eine Ausstellung oder Kleinsäugerbörse zu besuchen. Dort können Sie fast immer Tiere der betreffenden Farbe oder Zeichnung begutachten.

Privat Ratten aus privater Hand werden überwiegend im Kleinanzeigenteil der Tageszeitung, in Tiermagazinen oder am Schwarzen Brett beim Tierarzt offeriert. Zum Teil sind es Halter, die sich mit viel Liebe um ihre Tiere kümmern, dieses Hobby aber wegen einer Krankheit oder aus familiären Gründen unerwartet aufgeben müssen. Auch wenn die Übernahme solcher Tiere unkompliziert erscheint: Entscheiden Sie sich trotzdem nie spontan zum Kauf. Nehmen Sie sich die Zeit, um die Ratten und ihr Umfeld kennenzulernen, und achten Sie auf alle Punkte, die auch bei einem Züchter wichtig sind (→ rechte Seite).

Freundeskreis Von Verwandten oder Freunden, die Ratten abgeben wollen, weiß man meist, wie sie die Tiere halten. Das erleichtert die Kaufentscheidung. Gleichzeitig läuft man aber Gefahr, dem Handel nur halbherzig oder gegen seine eigene Überzeugung zuzustimmen, weil man nicht Nein sagen möchte oder den Freunden einen Gefallen schuldet.

Zoohandlung »Keine Ratten aus dem Zoogeschäft« ist eine nach wie vor verbreitete Meinung. Als Argument wird ins Feld geführt, dass durch den Kauf der nicht artgerechten Unterbringung und den daraus resultierenden Krankheiten und Verhaltensstörungen Vorschub geleistet wird und die Händler nicht zum Umdenken veranlasst werden. Sicher gibt es wie bei anderen Anbietern auch hier einige schwarze Schafe. Die Mehrheit der Zoofachgeschäfte aber erfüllt die wichtigsten Haltungskriterien, wie sie zum Beispiel von verschiedenen Vereinigungen gefordert werden, die sich dem Tierschutz verschrieben haben (→ Adressen, Seite 141). Nicht zuletzt auch im eigenen Interesse – schließlich sind die Kunden für die Thematik heute stärker sensibilisiert als je zuvor. Der Zoofachhandel ist daher für die meisten Einsteiger und Erstkäufer kleiner Heimtiere nach wie vor die erste Anlaufstelle.

Tierheim In den Tierheimen warten viele Ratten auf ein neues Zuhause. Gründe, sich von den Tieren zu trennen, gibt es viele: Die Ansprüche der Nager sind größer als erwartet, aus anfänglicher Begeisterung wird Gleichgültigkeit, es stellt sich unerwünschter Nachwuchs ein, oder es fehlt die Zeit für die Betreuung. Doch so groß die Not der Ratten ist, auch im Tierheim gilt: Entscheiden Sie sich nicht vorschnell zum Kauf, sondern beobachten Sie die Tiere bei mehreren Besuchen. Und da die Geschlechter nicht immer getrennt werden, lässt sich das Risiko nicht ausschließen, ein trächtiges Weibchen zu bekommen.

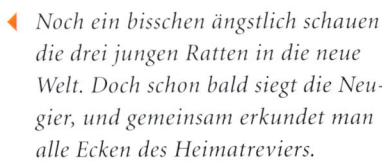

◀ *Noch ein bisschen ängstlich schauen die drei jungen Ratten in die neue Welt. Doch schon bald siegt die Neugier, und gemeinsam erkundet man alle Ecken des Heimatreviers.*

Der Züchter Ihres Vertrauens

Erfüllt der Züchter alle nachstehenden Punkte? Dann können Sie sicher sein, dass Sie bei ihm vitale und anhängliche Tiere bekommen.

▸ Viel Platz: Die Käfige sollten größer sein, als es die Mindestanforderungen der verschiedenen Tierschutzvereinigungen fordern (→ linke Seite).

▸ Familienanschluss: Die Käfige stehen dort, wo sich auch die Familie die meiste Zeit des Tages aufhält, und nicht in einer entlegenen Kammer oder – wie häufig bei Kaninchen – in einem Schuppen oder Anbau.

▸ Gesund, munter und neugierig: Alle Käfigbewohner machen einen hellwachen und lebendigen Eindruck. Sie bleiben Fremden gegenüber zuerst zurückhaltend, verstecken sich aber nicht. Siegt die Neugier, kommen Sie auch in Ihrer Gegenwart ans Gitter.

▸ Keine Langeweile: Die Rattenheime sind sorgfältig und mit Sachverstand eingerichtet. Sie bieten den Tieren viele Verstecke sowie Beschäftigungs- und Klettermöglichkeiten.

▸ Sauber: Futterreste und Hinterlassenschaften werden sofort entsorgt, die Einstreu ist locker und sauber, die Toilettenschale nicht sichtbar verschmutzt. Auch in Käfignähe nimmt man kaum Gerüche wahr.

▸ Alles frisch: Knabberkost und Körnerfutter stehen immer zur Verfügung, Trinkwasser, Obst und anderes Saftfutter gibt es täglich frisch.

▸ Raus aus dem Käfig: Alle Ratten erhalten täglich Auslauf.

▸ Ein Herz und eine Seele: Die Tiere lassen sich von ihrem Besitzer gerne auf die Hand nehmen und kuscheln auf seiner Schulter.

TEST

Habe ich ein Händchen für Ratten?

Ratten verändern den Alltag: Sie brauchen viel Zuwendung und müssen regelmäßig versorgt werden. Sind Sie dazu bereit?

	ja	nein
1. Ich beschäftige mich mehrmals am Tag mit meinen Ratten.	○	○
2. Ich investiere Geduld und Zeit, um ihr Vertrauen zu gewinnen.	○	○
3. Ich habe kein Problem damit, dass sie mich immer wieder einmal zum Kletterbaum umfunktionieren.	○	○
4. Es ist okay, dass der Käfig einen Vorzugsplatz in der Wohnung hat.	○	○
5. Ich gönne der Rasselbande täglich Auslauf im Zimmer, auch wenn sie manchmal die Möbel markiert.	○	○
6. Ich reagiere nicht ungehalten, wenn ich ab und zu unterm Schrank nach einem Ausreißer suchen muss.	○	○
7. Die Reinigung des Käfigs gehört für mich zum Pflichtprogamm.	○	○
8. Ich vergesse keinen Fütterungstermin und sorge täglich für frisches Trinkwasser.	○	○
9. Wenn ich auf Reisen bin, werden die Ratten zuverlässig betreut.	○	○
10. Ich habe immer ein Auge für das Verhalten meiner Ratten und sehe sofort, ob ein Tier kränkelt.	○	○

AUFLÖSUNG: 10-mal »ja«: Sie sind der fürsorglichste Halter, den sich Ratten wünschen können. 9–8-mal »ja«: Den Tieren wird es bei Ihnen gut gehen. Vielleicht sollten Sie ab und zu etwas mehr Geduld und Toleranz zeigen. Weniger als 8-mal »ja«: Ratten sind für Sie zu anspruchsvoll.

Wer vermittelt Ratten

Um in Not geratenen Ratten zu helfen, unterhalten verschiedene Rattenvereine und -foren (→ Adressen, Seite 141) sogenannte Notfallvermittlungen. In die Vermittlungsdatenbanken und Notfalllisten werden Tiere aus übermäßig hohen Tierheimbeständen und aus Beschlagnahmungen ebenso aufgenommen wie behinderte, misshandelte und kranke Ratten. Detailinformationen erhalten Sie auf der Homepage der jeweiligen Interessenverbände. Bisweilen können Sie auf diesen Seiten per E-Mail auch selbst Notfälle melden.

Mit wie vielen und welchen Tieren beginnen?

Die Entscheidung für die Ratten ist gefallen. Jetzt geht es darum, wie Sie ins Rattenleben starten: Mit einem Tier oder mehreren, mit Weibchen oder Männchen, mit Jungtieren oder erwachsenen.

Für den Transport eignet sich eine stabile, belüftete und gut verschließbare Klarsichtbox.

Ratten brauchen Ratten

Halten Sie Ratten nie einzeln. Auch wenn zwischen Ratte und Mensch ein enges Vertrauensverhältnis besteht, kann man ihr die Artgenossen nicht ersetzen. Solo lebende Tiere verkümmern. Beginnen Sie also mit mindestens einem Paar, besser mit drei oder vier Ratten. Um Nachwuchs zu verhindern, dürfen es nur gleichgeschlechtliche Tiere sein.

Weibchen oder Männchen?

▸ Weibliche Ratten bleiben kleiner und leichter als die Männer. Auffallend sind ihre Lernfähigkeit und Neugier. Meist sind Weibchen auch besonders agil und kletterfreudig.
▸ Rattenböcke gehen alles geruhsam an, sind dabei aber sehr verschmust. Sie riechen etwas stärker als Weibchen.

Die invididuellen Unterschiede sind groß. Beobachten Sie daher die Tiere Ihrer Wahl vor dem Kauf eingehend.

Geschlechtsunterschiede

▸ Weibchen: After, Geschlechts- und Harnröhrenöffnung liegen dicht beieinander. Zwei Zitzenreihen am Bauch.
▸ Männchen: Großer Abstand zwischen After und Penis. Die Hoden unter dem Schwanz sind bei erwachsenen Tieren gut zu erkennen.

Junge oder erwachsene Ratten?

▸ Jungtiere: Weibchen und Männchen werden vor Erreichen der Geschlechtsreife getrennt. Junge Ratten können Sie ab dem Absetzalter von fünf bis sechs Wochen kaufen.
▸ Bei erwachsenen Tieren sollten Sie die Herkunft kennen, was beispielsweise bei Tierheimratten nicht immer möglich ist. Ratten erreichen ein Alter von etwa zwei bis drei Jahren.

SO PRÜFEN SIE VOR DEM KAUF, OB DIE RATTE GESUND IST

KÖRPERMERKMALE

Fell	Beim gesunden Tier liegt das Fell glatt am Körper, es ist frei von Schorf und Wunden, es gibt keine ausgedünnten oder kahlen Stellen.
Augen	Die Augen sind klar und glänzend. Ausfluss und Verkrustungen sind Anzeichen dafür, dass sich die Ratte nicht wohlfühlt oder krank ist.
Nase	Die Nase ist sauber und frei von Ausfluss und Sekreten. Die Ratte niest nicht, sie atmet frei und ohne hörbare Atemgeräusche.
Ohren	Rattenohren sind empfindlich. Verschorfte Ohren können auf Parasiten und unsaubere Haltung, Wunden und Risse auf Zoff im Rudel hinweisen.
After	Eine verklebte Afterregion ist ein Alarmzeichen und meist die Folge von Durchfallerkrankungen, die bei Ratten langwierig sein können.
Pfoten	Auf falschem Untergrund leiden die zarten Pfoten, es kommt zu Rissen und Entzündungen. Die Krallen dürfen nicht zu lang sein.
Fortbewegung	Gesunde Tiere laufen und klettern ohne Bewegungseinschränkung und können selbst auf dünnen Seilen das Gleichgewicht halten.
Körperhaltung	Ratten sitzen in gekrümmter Körperhaltung, ein übermäßig stark gekrümmter Rücken deutet aber häufig auf eine Erkrankung hin.

VERHALTEN

Mobilität	Ratten sind sehr bewegungsfreudig. Ein Tier, das sich in einer Ecke verkriecht, ist fast immer krank oder wird von Artgenossen unterdrückt.
Fressverhalten	Gesunde Ratten haben einen gesunden Appetit. Sie kommen häufig zum Futternapf, nehmen dabei aber immer nur kleine Häppchen zu sich. Futterverweigerung ist ein Krankheitssymptom.
Neugier	Neugier und Kontaktfreude sind rattentypisch. Nur ängstliche oder vernachlässigte Tiere bleiben auch zum Menschen auf Distanz.

Freundschaft und Verantwortung

Für Kinder sind Ratten wunderbare Spielgefährten. Im Eifer des Gefechts vergessen sie dabei manchmal, dass die Nager besondere Ansprüche stellen und anders reagieren als sie selbst. Mit behutsamer Anleitung lernen sie jedoch schnell, sanft und verantwortungsvoll mit ihren kleinen Partnern umzugehen.

DIE PRAXIS IST IMMER BESSER als alle Theorie. Leben bereits Ratten bei Ihnen im Haus? Dann sind Ihre Kinder garantiert Feuer und Flamme, wenn sie mit Ihnen gemeinsam das Leben und die Besonderheiten der kleinen Nager erkunden dürfen. Und ganz nebenbei und ohne erhobenen Zeigefinger zum respektvollen Umgang mit ihnen angeleitet werden.

Keine Hektik und kein Lärm

Kinder machen manchmal Lärm und haben Spaß daran. Sie können hektisch sein und oft nicht einmal für zehn Sekunden still sitzen. Leider mögen Ratten das alles nicht. Demonstrieren Sie Ihren Kindern, wie die Tiere auf unterschiedliches Verhalten reagieren: Schreie, laute Geräusche und wilde Armbewegungen versetzen die Käfigbewohner in Unruhe, sie bleiben auf der anderen Käfigseite oder verstecken sich in den Häuschen. Locken Sie die Ratten jetzt mit leisen Rufen und gehen Sie vor dem Käfig in die Hocke, um mit ihnen auf gleicher Höhe zu sein. Die Kinder erleben mit, wie eine Ratte nach der anderen zum Gitter kommt. Testen Sie anschließend gemeinsam, auf welche Lockrufe die kleinen Nager schneller herbeikommen: auf Ihre eigenen oder auf die Ihrer Kinder.

Der richtige Umgang

Erklären Sie den Kindern, dass Ratten sich vor Feinden aus der Luft fürchten und sie daher nie von oben nach ihnen greifen dürfen. Auch, dass sie Ratten nicht von hinten überraschen sollten, weil sie dann aus Angst zubeißen können. Jüngere Kinder unter sechs Jahren dürfen Ratten nicht hochheben, den älteren zeigen Sie die richtige Tragetechnik (→ Seite 58). Tabu sind die Ruhezeiten und beim Fressen dürfen Ratten auch nicht gestört werden. Dass sie auf alte Tiere besondere Rücksicht nehmen müssen, verstehen Ihre Kinder bestimmt.

Pflegedienst

Kinder ab zehn Jahren können selbstständig das Füttern und Käfigreinigen übernehmen. Die Verantwortung macht sie stolz, und das Vertrauen der Ratten wird gefestigt. Haben Sie dennoch ein Auge auf den Pflegedienst, damit die Tiere nicht zu kurz kommen.

Abschied nehmen

Wenn eine Ratte stirbt, dürfen die Kinder von ihr Abschied nehmen. Sagen Sie ihnen auch, warum die Ratte gestorben ist, und erklären Sie ihnen, dass ihr Liebling immer bei ihnen bleiben wird, wenn sie ihn im Gedächtnis und im Herzen behalten.

Ratten im Recht

Eingeschränkt werden darf das Recht auf Tierhaltung nur, wenn Dritte unzumutbar belästigt oder geschädigt werden.

Wohnungshaltung

▸ Mietwohnung: Wird die Tierhaltung im Mietvertrag nicht generell untersagt, brauchen Sie keine Erlaubnis des Vermieters. Die Rechtsprechung bekräftigt, dass von den Ratten keine Belästigung anderer Mieter ausgeht. Bei sehr großen Gruppen sollten Sie sich jedoch um das Einverständnis der Mitmieter bemühen.

▸ Eigentumswohnung: Haltungsverbot nur auf einstimmigen Beschluss der Eigentümerversammlung.

Kaufrecht

Jeder Käufer hat einen gesetzlichen Anspruch auf gesunde Tiere. Auch wenn erst nach dem Kauf Beeinträchtigungen oder Mängel auftreten (zum Beispiel Verhaltensanomalien, Erbschäden oder durch unzureichende Haltungsbedingungen hervorgerufene Krankheiten), kann der Käufer deren Beseitigung verlangen. Ist das nicht möglich, darf er den Kaufpreis mindern oder sogar ganz vom Kauf zurücktreten.

Haftung

Ein Tierhalter haftet für Personen- und Sachschäden, die von seinen Tieren verursacht wurden (§ 833 BGB). Wie alle kleinen Heimtiere sind Ratten über die Privathaftpflicht mitversichert.

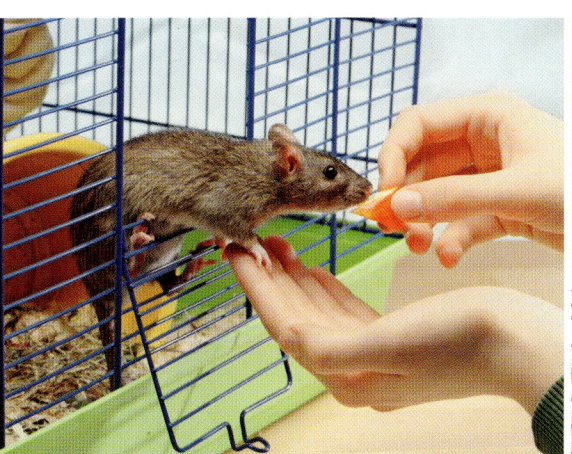

1 **Liebe geht durch den Magen** Die neue Ratte wagt sich zum ersten Mal bis in die geöffnete Käfigtür vor und schnuppert vorsichtig am verführerischen Leckerbissen, der ihr mit der Hand angeboten wird.

2 **Vertrauensbeweis** Sobald die Ratte freiwillig auf die offene Handfläche klettert, dürfen Sie sie langsam hochheben. Sofort absetzen, wenn sie dabei unruhig wird und von der Hand zu klettern versucht.

6 Schritte zum Vertrauen

Am Anfang ist alles fremd. Lassen Sie den Tieren Zeit und stellen Sie die offene Transportbox in den Käfig. Schon bald werden Ihre Ratten das neue Zuhause inspizieren und Futternapf oder Trinkflasche suchen. Auch das Vertrauenstraining verlangt Zeit und Geduld. Mit diesen Schritten kommen Sie zum Ziel:

3. Freundschaftshäppchen Die Aussicht auf leckeres Futter beschleunigt das Kennenlernen. Bieten Sie hin und wieder mit ausgestreckter Hand Häppchen in der geöffneten Käfigtür an. Die Fütterung mit der Hand sollte auf Ausnahmen beschränkt bleiben, zum Beispiel das Eingewöhnen neuer und Aufpäppeln kranker Tiere (→ Seite 71). Sonst betrachtet die Ratte den fütternden Menschen nämlich schnell als untergeordnet, da eine dominante Ratte ihren Artgenossen niemals Futter anbietet.

WUSSTEN SIE SCHON, DASS …

… Rattenmänner Boxkämpfe austragen?

Obwohl im Rattenrudel eine ausgeprägte Rangordnung nicht ohne Weiteres zu erkennen ist, klären die Männchen im Kampf, wer von ihnen der Stärkere ist. Dabei stehen sich die Kontrahenten aufrecht gegenüber und schlagen mit den Vorderpfoten auf den Gegner ein – genauso wie es Boxer machen. Zum Zeichen der Aufgabe nimmt der Verlierer die Demutshaltung ein und legt sich auf den Rücken. Ernste Verletzungen sind selten.

1. Neugier wecken Gewöhnen Sie die Ratten an Ihre Gegenwart, indem Sie sich in der Nähe des Käfigs aufhalten und wiederholt gleichartige Geräusche erzeugen oder leise Lockrufe von sich geben. Tragen Sie während dieser Zeit möglichst immer die gleiche Kleidung (ohne Kopfbedeckung).

2. Schnupperprobe Es dauert meist nicht lange, bis die Neugier siegt und die Tiere sich nicht mehr verstecken. Halten Sie die Hand in die offene Käfigtür und warten Sie, bis die Bewohner sich herantrauen und an ihr riechen.

4. Streicheltest Sobald sich die Ratte anfassen lässt, dürfen Sie sie vorsichtig und sanft unter dem Kinn kraulen oder am Rücken streicheln.

5. Luftfahrt Formen Sie eine Hand zur Schüssel und lassen die Ratte hineinklettern. Mit der anderen Hand seitlich absichern und langsam anheben. Sofort absetzen, wenn die Ratte unruhig wird.

6. Vertrauensbeweis Das Eis ist endgültig gebrochen, wenn die Ratte aus freien Stücken zu Ihnen kommt, auf Arm oder Schulter klettert und zärtlich an Ihrem Ohr knabbert.

Für Ihre Ratten gibt es nichts Schöneres als den
Auslauf in der Wohnung. Für ihre Sicherheit,
für Spielspaß und Abenteuer sind Sie zuständig.

10 Regeln für den Auslauf

Ratten sind sehr aktive Tiere. Da der Käfig allein ihrem Bewegungsdrang niemals gerecht werden kann, ist der tägliche Wohnungsauslauf Pflicht. Er hält gleichzeitig auch das Köpfchen fit, weil es überall Neues zu entdecken gibt.

▸ Gönnen Sie den Ratten zwei Stunden Auslauf pro Tag, zum Beipiel eine Stunde am Morgen und eine abends.

▸ Die Auslaufgenehmigung gibt es jedoch nur für handzahme Tiere.

▸ Lassen Sie Ratten nie unbeaufsichtigt frei laufen.

▸ Während der Auslaufzeiten ist das Rattenzimmer für alle anderen Tiere im Haus Sperrbezirk.

▸ Vor allem in der ersten Zeit sollte das Terrain für die Ausflügler begrenzt und leicht überschaubar sein.

▸ Machen Sie Spalten, Hohlräume und Verstecke unzugänglich und schließen Sie Türen, Fenster und Schubladen (→ Seite 60).

▸ Halten Sie feste Auslauftermine ein, am besten während der Aktiv-Phasen am Morgen und Abend. Die Ratten warten in der Regel schon am Gitter.

▸ Füttern Sie erst nach dem Auslauf. Dann gehen die Freigänger oft von selbst in den Käfig. Eine bodennahe Tür erleichtert die Rückkehr.

▸ Greifen Sie Ratten, die nicht freiwillig in den Käfig wollen, nie von oben, sondern lassen Sie sie auf die Hand oder in eine kurze Röhre klettern (→ Seite 60).

▸ Wenn Sie einen Kletterbaum im Zimmer aufstellen oder Ihren Ratten einen Spielplatz einrichten, haben Sie sie am besten unter Kontrolle. Ein mit Steinen beschwerter Pflanztopf gibt dem Kletterbaum sicheren Stand, kleine Leckerbissen oder am Baum hängendes Obst (etwa ein ganzer Apfel) sorgen für Langzeitspielspaß.

Tröpfchenweise

Ratten markieren Revier, Laufwege und alles, was sie als Besitz betrachten (dazu gehören auch vertraute Menschen), mit Harntröpfchen. Beschränken Sie den Auslauf auf ein Zimmer und decken Sie empfindliche Oberflächen und wertvolle Möbel und Textilien ab.

Mit dem Näschen hoch in der Luft nimmt die Ratte Schnupperproben der Umgebung.

◀ *Leseratten im Bücherland: Mit großer Begeisterung und Ausdauer turnen die Freigänger während des täglichen Auslaufs in den Regalen. Nicht ohne dabei jeden Winkel und jede Ecke eingehend zu inspizieren.*

Das rattensichere Haus

Bevor Ihre Ratten aus dem Käfig dürfen, müssen sämtliche Gefahrenzonen in der Wohnung »entschärft« werden.

▸ Auslauferlaubnis nur, wenn Fenster und Türen geschlossen sind.
▸ Schließen Sie alle Schubladen und Schränke, um zu verhindern, dass ein Tier versehentlich eingesperrt wird. Dasselbe gilt auch für den Trockner, die Wasch- und die Spülmaschine.
▸ Steckdosen und Elektrokabel müssen so verlegt sein, dass sie nicht angeknabbert werden können.
▸ Viele Pflanzen sind giftig für Ratten (→ Seite 71). Entfernen Sie sie im Zweifelsfall aus dem Rattenzimmer.
▸ Binden Sie Gardinen und Vorhänge während des Auslaufs hoch. Beim Klettern können sich Zehen und Krallen im Gewebe verhaken.
▸ Spalten (etwa unter Schränken und Regalen) unzugänglich machen.
▸ Haushaltsreiniger, Lösungsmittel, Lacke und Medikamente wegstellen.

▸ Kochplatten und Toaster abschalten. Auslaufverbot auch bei brennenden Kerzen und Kaminfeuer.
▸ Lebensmittel und Essenreste müssen für die Ratten unerreichbar sein.
▸ Schließen Sie Abfall- und Biomüllboxen, entfernen Sie Plastikabfälle.
▸ Toilette und Bad (Wanne) sind für die Ratten tabu.
▸ Während des Auslaufs dürfen andere Heimtiere nicht ins Zimmer.
▸ Bewegen Sie sich vorsichtig, um nicht versehentlich auf ein Tier zu treten.

... und doch entwischt

Die Ratte ist verschwunden und kommt nicht wieder aus dem Versteck heraus:

▸ Halten Sie Leckerbissen vor das Versteck; locken Sie mit sanfter Stimme.
▸ Wissen Sie nicht, wo das Tier steckt? Stellen Sie Näpfe mit Futter, das nicht weggeschleppt werden kann (Brei, Joghurt), im Zimmer auf. Streuen Sie Mehl um die Näpfe, um die Spuren bis zum Versteck zu verfolgen.

Betreuer gesucht

Sie wollen in den Urlaub fahren, sind beruflich unterwegs oder werden einmal krank. Natürlich müssen Ihre Ratten auch in dieser Zeit versorgt werden, am besten von einem Betreuer, der ausreichend Erfahrung im Umgang mit den Kleinsäugern hat. Gehen Sie deshalb nicht erst eine Woche vor dem Ferientermin auf die Suche, sondern knüpfen Sie rechtzeitig Kontakte, und weisen Sie den Tiersitter Ihrer Wahl vor Ort ein. Anschriften geeigneter Personen erhalten Sie von Züchtern, Rattenclubs und von Ihrem Tierarzt. Nicht selten findet sich auch ein Nachbar oder Freund, der sich schon vor Ihrer Abwesenheit mit den Käfigbewohnern vertraut machen kann.

Nur im Notfall auf Reisen

Verreisen bedeutet Stress für die Ratten, nur im vertrauten Käfig fühlen sie sich sicher. Lässt sich eine Fahrt nicht vermeiden (zum Beispiel zum Tierarzt), gehört die Ratte immer in eine Transportbox (→ Tipp, Seite 50). Sollen Ihre Tiere für längere Zeit an einem anderen Ort bleiben, brauchen sie einen vollständig eingerichteten Käfig. Entwischt eine Ratte in fremder Umgebung, kommt sie meist nicht zurück. Verzichten Sie daher lieber vorübergehend auf Auslauf. Und: Negative Reaktionen sind auch heute keine Seltenheit, wenn man sich mit einer Ratte in der Öffentlichkeit zeigt. Dem Image der kleinen Tiere tun Sie damit nichts Gutes.

MEIN HEIMTIER

Wie wichtig bin ich meinen Ratten?

Für Ratten ist der vertraute Mensch weit mehr als nur ein Futterspender. Er gehört zum Rudel und wird genauso aufmerksam und liebevoll behandelt wie die eigenen Artgenossen. Mit einfachen Tests erkennen Sie, wie groß die Liebe ist.

Der Test beginnt:
○ Laufen alle Käfigbewohner erwartungsvoll ans Gitter, sobald ich in den Raum komme?
○ Reagieren sie auf meine Lockrufe – auch wenn sie Auslauf haben?
○ Suchen sie von sich aus den Körperkontakt zu mir und klettern an mir hoch?
○ Sitzen sie mit Vorliebe auf meiner Schulter und lassen sich in der Wohnung herumtragen?
○ Knabbern sie an meinen Ohren und schlüpfen in Jackenärmel oder Brusttasche?

Mein Testergebnis:

Eine neue Ratte zieht ein

Harmonie und Hilfsbereitschaft bestimmen das Miteinander im Rattenrudel. An ihrem gruppenspezifischen Geruch erkennen sich die Tiere untereinander. Fremde und anders riechende Ratten werden attackiert und vertrieben. Um Kämpfe zu vermeiden, müssen Sie eine neue Ratte deshalb sehr behutsam und in mehreren Schritten mit der alteingesessenen Käfigtruppe vertraut machen.

Erst wenn das Rattenrudel die neue Ratte riechen kann, darf sie in ihren Käfig einziehen.

Das Übergangsdomizil

Nach der Ankunft zieht die neue Ratte getrennt von den Artgenossen in einen Zweitkäfig ein. Da er nur für kurze Zeit bezogen wird, kann er relativ einfach eingerichtet sein, muss aber Kletter- und Beschäftigungsmöglichkeiten bieten. Stellen Sie den Käfig in Sichtweite (zirka 2–3 m) des Gruppenkäfigs auf, damit sich die Tiere riechen können.

Handzahm machen

Gewinnen Sie das Vertrauen des Neuankömmlings (→ Seite 58). Das vermittelt dem Tier Sicherheit und erleichtert das weitere Vorgehen.

Tauschaktion

Zwischen den beiden Käfigen werden einige Einrichtungsgegenstände oder Spielsachen ausgetauscht. Das ist der einfachste Weg, um alle Tiere an die verschiedenen Gerüche zu gewöhnen.

Schnuppertreffen

Außerhalb der beiden Käfige und möglichst auch außer Sichtweite der anderen Tiere findet auf neutralem Boden das erste Treffen zwischen der neuen Ratte und einem Mitglied der Gruppe statt. Wählen Sie für den ersten Schnupperkontakt das friedfertigste Rudeltier aus. Kleine Rangeleien sind dabei durchaus normal, nur wenn die Begegnung in einen ernsten Kampf ausartet und Bissverletzungen zu befürchten sind, müssen die Ratten getrennt werden. Für diesen Notfall wappnen Sie sich am besten mit dicken Handschuhen. Läuft alles friedlich ab, machen Sie die Neue auf gleiche Weise nach und nach mit allen Gruppenmitgliedern bekannt.

Der Wohnungswechsel

Nach dem Möbeltausch haben sich beide Seiten schon etwas mit den Düften vertraut gemacht und empfinden sie nicht mehr als allzu fremd und bedrohlich. Damit die Neue nun aber endgültig und ohne Zoff von der Gruppe akzeptiert wird, quartieren Sie sie für einen Tag im Rudelkäfig ein, während dessen Bewohner vorübergehend mit dem Zweitkäfig vorlieb nehmen müssen. Danach geht es wieder in die alten Wohnungen zurück.

Einzug

Es ist alles getan, um Unstimmigkeiten zu vermeiden. Jetzt folgt der Sprung ins kalte Wasser: Die neue Ratte wird zu den anderen in den großen Käfig gesetzt. Bleiben Sie in der Nähe, um eingreifen zu können, falls die Integration schiefläuft. Natürlich ist die Aufregung groß, und manche Nackenhaare sträuben sich. Oft aber kuscheln neue und alte Ratten schon nach kurzer Zeit, als hätten sie es nie anders gemacht.

1 Neu und solo. Eine neue Ratte kommt ins Haus und bezieht zuerst einmal einen eigenen Käfig.

Der erste Schnupperkontakt. Auf neutralem Boden außerhalb der Käfige treffen sich die neue Ratte und das friedfertigste Tier der Gruppe. Nach intensivem Beschnuppern ist das Eis meist schnell gebrochen. **2**

3 Wohnungswechsel. Damit beide Seiten mit den fremden Gerüchen vertraut werden, zieht die neue Ratte für einen Tag in den Hauptkäfig ein, während die Gruppe für kurze Zeit im Zweitkäfig logiert.

Herzlich willkommen! Der große Tag ist da: Die neue Ratte darf endlich zur Gruppe in den großen Käfig ziehen. Ganz ohne Aufregung geht das selten über die Bühne, aber schon bald ist man ein Herz und eine Seele. **4**

Fragen zu
Kauf, Eingewöhnung und Haltung

? Ratten sehen nicht allzu gut. Daher hat es mich erstaunt, als mir ein Freund empfahl, meine Kleidung in der Eingewöhnungszeit nur selten zu wechseln. Erkennen das die Tiere überhaupt?

Wenn Sie den Ratten so nahe sind, dass sie Ihren Geruch wahrnehmen, spielt das Erscheinungsbild keine Rolle. Auf die Entfernung reagieren Ratten aber vor allem auf die Silhouette: Wer statt im T-Shirt plötzlich im Mantel vor dem Käfig steht, darf sich nicht wundern, dass seine Tiere verunsichert sind. Noch deutlicher wird das, wenn man sich mit Kappe oder Hut »verkleidet«. Ein nach Ratte riechendes Hemd fördert dagegen das Vertrauen der neuen Tiere. Und wenn die Truppe auf Ihnen herumklettert, sollten Sie nicht gerade Ihren Sonntagsanzug tragen. Ratten markieren alles mit Harntröpfchen, was sie als Besitz betrachten (→ Seite 59). Und dazu zählen auch Sie.

? Offensichtlich gibt es Rattenhalter, die »überzählige« Tiere einfach aussetzen, weil sie überzeugt sind, dass sie sich problemlos zurechtfinden. Ist das erlaubt?

Das Tierschutzgesetz ist hier eindeutig: Das Aussetzen von Tieren ist generell verboten (§ 3) und kann mit hohen Geldstrafen belegt werden. Das gilt auch für als Heimtiere gehaltene Ratten.

? Ich weiß nicht viel über Ratten. Lohnt es sich, eine Kleinsäugerausstellung zu besuchen, oder soll ich mich anderswo schlau machen?

Ein solcher Besuch ist auf jeden Fall empfehlenswert. Auf Börsen und Ausstellungen können Sie so viele unterschiedliche Tiere in Augenschein nehmen und vergleichen wie sonst nirgends. Die Aussteller sind vorwiegend Züchter, von denen Sie wertvolle Praxistipps und Kontaktadressen erhalten. Wann und wo Kleinsäugerausstellungen stattfinden, wird meist im Lokalteil der Tageszeitungen angekündigt, Sie erfahren die Termine aber auch von den ausrichtenden Vereinen.

? Meine Ratten sind sehr zutraulich. Ab und zu zwickt mich aber eine heftig in den Finger, allerdings nur beim ersten Kontakt. Wie kommt das?

Ich bin ziemlich sicher, dass es zu den Bisstests nur dann kommt, wenn Sie zuvor mit Rattenfutter hantiert haben. Ratten sind in erster Linie Nasentiere. Und da Ihre Hand so verführerisch nach leckerem Futter riecht, kann es schon einmal passieren, dass eine Ratte hineinbeißt. Vermeiden Sie solche Missverständnisse, indem Sie sich nach Zubereitung des Futters die Hände waschen (verwenden Sie dazu keine Duftseife oder parfümierte Lotion). Bei neuen und scheuen Tieren reiben Sie die Hände vor jeder Kontaktaufnahme mit Einstreu ein, damit sie den vertrauten Stallgeruch annehmen.

? Klappt das Kennenlernen besser, wenn ich den Käfig mit einer neuen Ratte direkt neben den Gruppenkäfig stelle?
Das dürfen Sie auf keinen Fall machen. Die unmittelbare Nähe führt dazu, dass sich beide Seiten aggressiv verhalten und ständig bedrohen. Stellen Sie die Käfige 2–3 m entfernt voneinander auf. Die Tiere sehen sich und gewöhnen sich so langsam an die Gerüche. Und selbst dann dauert es einige Zeit, bis sich die Aufregung legt.

? Ich möchte gerne eine Gruppe von drei Weibchen halten. Wie kann ich sicher sein, dass ich im Zoogeschäft keine trächtigen Ratten kaufe?
Der Tierkauf im Zoofachhandel ist wie der beim Züchter eine Frage des Vertrauens. Nehmen Sie vor dem Kauf Kontakt mit anderen Rattenbesitzern oder den Ansprechpartnern eines Rattenvereins auf. Fast immer wird man Ihnen dort mit Adressen zuverlässiger Zoofachgeschäfte weiterhelfen können. Rattenweibchen bringen ihre Kinder nach 20–24 Tagen zur Welt. Die Symptome der Trächtigkeit (geschwollene Zitzen, dicker Bauch, Nestbautrieb) registriert man leider oft erst wenige Tage vor der Geburt. Ein Rattenzüchter verpaart Weibchen und Männchen ganz gezielt. Hier besteht das Risiko der unerwünschten Schwangerschaft nicht.

? Unser Rattenkäfig steht im Wohnzimmer. Ich bin Raucher und mehrere Stunden am Tag in diesem Raum. Schadet das den Ratten?
Zigarettenrauch ist für Tier und Mensch gleichermaßen schädlich und belastet die Lunge. Bei Ratten kommt hinzu, dass sie besonders anfällig für Atemwegserkrankungen sind. Zugluft, sehr trockene und durch Schadstoffe verunreinigte Luft sind die häufigsten Auslöser.

? Während des Auslaufs stelle ich einen kleinen Kletterbaum auf. Doch meine vier Ratten klettern lieber im Bücherregal herum. Soll ich das zulassen?
Hauptsache, Sie haben Ihre Rasselbande immer gut im Blick und kein Tier kann hinter oder unter dem Regal verschwinden. Achten Sie auch darauf, dass keine frei liegenden Elektrokabel durch das Regal führen und sich die »Bergsteiger« beim Klettern nicht an leicht beweglichen Objekten wie Vasen und Figuren festhalten und mit ihnen unsanft zu Boden plumpsen.

? Wie lange brauchen Ratten, bis sie sich ans neue Zuhause und den Besitzer gewöhnt haben?
Ratten sind Individualisten. Selbstbewusste Charaktere lassen sich oft schon nach 3–4 Tagen kraulen, scheue Tiere verschwinden manchmal selbst nach 14 Tagen noch im Versteck, wenn der Besitzer zum Käfig kommt.

Das beste Futter für Ihre Ratten

Der »Rattenmotor« läuft immer auf Hochtouren und braucht hochwertigen Treibstoff: eine ausgewogene und vielfältige Körnermischung und täglich frisches, vitaminreiches Obst und Gemüse.

Abwechslungsreich und gesund ernähren

Ratten essen und vertragen alles: Das stimmt nicht für wilde und schon gar nicht für domestizierte Ratten. Denn nicht alles, was essbar ist, ist auch gut für die Nager. Seine Tiere ausgewogen und gesund zu ernähren ist die Pflicht des Halters.

DIE MISCHUNG MACHT'S Ohne Körner geht es nicht: Körnerfutter ist das tägliche Brot der Ratte. Aber genauso wie wir nicht tagaus, tagein die ewig gleiche Suppe löffeln wollen, brauchen auch unsere Nager einen schmackhaften und abwechslungsreichen Futtermix mit allem, was gesund hält und fit macht.

Das vergessene Erbe

Für wild lebende Ratten ist die Suche nach Nahrung ein sehr mühsames und heikles Geschäft. Hat das Rudel endlich eine neue Futterquelle entdeckt, darf es sich nicht einfach den Bauch vollschlagen: Die fremde Kost könnte ungenießbar oder gar vergiftet sein. Vorsicht und Misstrauen sind angesagt (→ Seite 75). Die wohlbehütete Verwandtschaft im Käfig schlägt sich mit diesen Problemen nicht herum. Nach vielen Generationen im Zusammenleben mit dem Menschen hat sie gelernt, ihrem »Futtermeister« blind zu vertrauen, und akzeptiert auch unbekannte Kost, ohne zu zögern. Die Liebe, die durch den Magen geht, ist ein schöner Vertrauensbeweis. Sie nimmt den Halter aber auch in die Verantwortung. Denn er allein trägt Sorge für die richtige Ernährung seiner Tiere.

Körnerfutter macht stark

Ähnlich wie ein Hochleistungssportler brauchen die ständig aktiven Ratten eine Grundnahrung, die Kraft gibt und leicht verdaulich ist. Die Körner von Weizen, Gerste, Hafer und anderem Getreide sind dafür genau die richtigen Energielieferanten. Der Zoofachhandel bietet eine breite Palette von Nager- und zum Teil auch speziellen Rattenmüslis auf Körnerbasis an, sodass Sie sich nicht selbst an die Zubereitung machen müssen. Vorteil der Fertigkost: Sie setzt sich aus einer Vielzahl von Nahrungskomponenten zusammen, die wichtige Nähr-

Täglich Müsli im Napf: Die Körner verschiedener Getreidesorten wie Weizen, Gerste und Hafer sind die Grundnahrung der Ratten und Hauptbestandteil in den Fertigmüslis.

2 Knabberkost Hartes Brot, Knäckescheiben oder Zwieback sind genau nach dem Geschmack der Ratten und halten gleichzeitig auch die ständig nachwachsenden Nagezähne kurz.

1 Immer frisch Altes und abgestandenes Trinkwasser wird täglich ersetzt. Statt der Trinkschale gehören Nippeltränken in den Käfig.

3 Ein Häppchen Käse Käse und andere tierische Kost darf man Ratten nur in Miniportionen und nicht regelmäßig anbieten.

stoffe, Vitamine und Mineralstoffe liefern, und ist dabei noch ganz nach dem Geschmack ihrer knopfäugigen Kundschaft. Dazu gehören unter anderem Buchweizen, Mais, Reis, Johannisbrot, Kürbiskerne, Möhrenflocken, Bananenchips, Haferflocken, getrocknete Früchte, Erbsen, Hirse, Leinsamen und viele weitere Sämereien. Da Ratten einen bestimmten Anteil an tierischem Eiweiß in ihrer Nahrung benötigen (→ rechte Seite), enthalten die Fertigmischungen meist auch Fleisch, etwa in Form von Pellets. Allerdings mag nicht jede Ratte die Pellets, daher bleibt das Pressfutter manchmal im Napf zurück.

Fertigmischkost mit Fleisch können Sie Ihren Nagern auch als Alleinfutter anbieten. Nicht für Ratten geeignet sind dagegen die Fertigfuttermischungen für Hamster und Meerschweinchen.

Gemüse und Obst

Äpfel, Bananen, Birnen, Pfirsiche und Kirschen (ohne Steine), Melonen, Feigen, Ananas, Trauben und Kiwis, aber auch Rote Bete, Möhren, Erbsen, Gurken, Chicoree, Zucchini, Spargel, Paprikaschoten und viele andere Obst- und Gemüsesorten sind eine gesunde Kost für die kleinen Leckermäuler. Ratten mögen zudem auch Kräuter wie Vogelmiere, Petersilie oder frisch gepflückte Löwenzahnblätter.

Wichtig: Waschen Sie Obst und Gemüse vor dem Füttern lauwarm, und trocknen Sie es ab. Teilen Sie es anschließend in kleine Stücke. Verfüttern Sie Kartoffeln nur abgekocht, und entfernen Sie bei Kernobst Kerngehäuse und Kerne (sie enthalten Blausäure); Rosinen (Dickmacher!) müssen ungeschwefelt sein.

Immer genug im Napf

Ratten verbrauchen viel Energie, weil sie immer in Bewegung sind, und sie haben einen intensiven Stoffwechsel. Beides bedingt, dass die Nager regelmäßig und in kurzen Abständen Nahrung brauchen. Bereits ein Futterentzug von fünf bis sechs Stunden kann Kreislaufprobleme verursachen. Eine längere Hungerperiode führt unweigerlich zu ernsten Problemen (möglicherweise sogar zum Kollaps); selbst übergewichtigen Tieren dürfen Sie aus diesem Grund nie einen Fastentag verordnen.

Körnerfutter und Obst müssen im Rattenkäfig immer verfügbar sein: Ein leicht gehäufter Esslöffel Körnerfutter deckt den Tagesbedarf eines durchschnittlich großen erwachsenen Tiers; sehr große oder hyperaktive Ratten verdrücken aber auch die doppelte Ration. Kürzen Sie die Tagesration nur, wenn ständig Futter im Napf zurückbleibt und die Tiere große Vorratslager anlegen.

Tierisches in Miniportionen

Ganz ohne tierische Beikost kommen Ratten nicht aus. Füttern Sie aber nur sehr sparsam zu; bei einer Überversorgung können sich Allergien und Hautprobleme einstellen, und wahrscheinlich werden die Tiere auch anfälliger für Krebserkrankungen. Zwei- oder dreimal pro Woche darf es ein hart gekochtes Ei, der meist heiß geliebte Joghurt (ohne Fruchtzusätze), ein Löffel Quark, etwas Fisch oder Fleisch (beides gekocht) oder ein kleines Stück milder Hartkäse sein. Die Käfigtruppe ist von den leckeren Sonderrationen begeistert. Das sollte Sie aber nicht dazu verführen, Ihren Nagern noch einen Nachschlag zu genehmigen.

Womit Sie Ihre Lieblinge verwöhnen können

▸ Frisch gekeimte Saaten sind schmackhaft und vitaminreich. Der Fachhandel bietet fertige Keimfuttermischungen an, Sie können aber auch Sittichfutter zum Keimen bringen. Das funktioniert am einfachsten in einem Keimautomaten (aus Zoohandlung oder Reformhaus). Nach spätestens zwei Tagen lassen sich die ersten Keimlinge blicken. Keimfutter bringt vor allem in den Wintermonaten Abwechslung auf den Speisezettel, ersetzt aber nicht andere Frischkost. Und es kann nicht lange aufbewahrt werden, weil es schnell schimmelt.

▸ Ein kleiner Leckerbissen aus der Hand – und Ihre Ratten werden Sie noch mehr lieben. Aber so wie die Handfütterung nicht die Regel sein darf (→ Seite 71), sollten auch Leckereien die Ausnahme bleiben, vor allem Dickmacher wie Nüsse, zuckerhaltige Joghurt- und Vitamindrops oder Sonnenblumenkerne. Erlaubt sind Trockenobst (Beeren, Bananen-, Apfelchips), Kolbenhirse, Kokosnuss,

---

TIPP

Häppchenweise

Ratten gehen mehrmals am Tag zum Futternapf und nehmen immer nur kleine Mahlzeiten zu sich. Ihr kleiner Magen fasst nicht mehr als 15 ml. Räumen Sie daher vermeintliche Futterreste nicht sofort weg, sondern lassen Sie den Tieren Zeit zum Fressen. Entfernen Sie übriggebliebenes Futter nach spätestens 24 Stunden.

getrocknete Karottenstücke und Getreideähren. Besonders empfehlenswert sind Nagersticks und Maiskolben, die für Knabberspaß und Langzeitbeschäftigung sorgen. Auch nach Vitaminpaste oder Käse aus der Tube lecken sich alle Ratten die Pfoten. Sie sind jedoch, ähnlich wie Babybrei, in erster Linie wichtige Energiespender für kranke und schwache Tiere.

Zwieback, Zweige und Hundekuchen

Harte Kost für harte Zähne: Damit die ständig nachwachsenden Nagezähne sich genügend abnutzen und nicht zu lang werden, gibt es im Rattenkäfig immer etwas zum Knabbern: Knäcke- und Vollkornbrot, Hundekuchen, alte Brotreste oder Zwieback. Mit viel Ausdauer werden auch die frischen Zweige von ungespritzten Obstbäumen, Buche, Birke und anderem Laubgehölz benagt.

WUSSTEN SIE SCHON, DASS …

… der Blinddarmkot für Ratten lebenswichtig ist?

Dass Ratten (wie auch Kaninchen) ihren eigenen Kot fressen, ist ein normales Verhalten. Die Ratte bildet zwei verschiedene Kotsorten: einen weicheren und einen nahezu trockenen und harten. Der Weichkot enthält Vitamine und Bakterien, ohne die der Nährstoffbedarf der Nager nicht gedeckt werden kann. Daher nehmen auch Ratten, die ausgewogen und gesund ernährt werden, bis zu 65 Prozent des sogenannten Blinddarmkots wieder auf. Bei Mangelernährung ist der Anteil noch höher. Wird das Kotfressen (Koprophagie) unterbunden – etwa durch Haltung auf Drahtböden –, stellen sich Zeichen einer Mangelernährung ein. Rattenbabys nehmen vom 15. bis zum 28. Lebenstag den Kot ihrer Mutter auf. Zusammen mit der Muttermilch bewirkt dies eine Immunität gegenüber einer gefährlichen Infektion des Magen-Darm-Trakts. Jungtiere brauchen den Caecalkot, um sich die richtige Bakterienflora zuzulegen.

Vorratslager leeren

Inspizieren und leeren Sie die Futterverstecke im Käfig regelmäßig. Reste von Saft- und Grünfutter müssen ebenso täglich entsorgt werden wie Körnerfutter, das durch Kot verunreinigt wurde oder von Harn durchfeuchtet ist.

Frisches Wasser

Trinkwasser muss immer zur Verfügung stehen – am besten in zwei Nippeltränken. Leeren Sie Restwasser täglich aus, und füllen Sie die Tränken mit frischem Wasser. Säubern Sie die Röhrchen einmal pro Woche unter heißem Wasser.

Auch wenn Ratten viele Nahrungsquellen akzeptieren,
sind sie **alles andere als Müllschlucker,** sondern
brauchen ein ausgewogenes und artgerechtes Futter.

Was Sie übers Füttern noch wissen sollten

Einige Obst- und Gemüsesorten sind für Ratten weniger bekömmlich, andere sogar völlig unverträglich. Die wichtigsten sollten Sie kennen, ebenso wie die für Nager giftigen Zimmerpflanzen.

Auch Ratten vertragen nicht alles

▶ Nur in kleinen Mengen anbieten: Beerenobst und Zitrusfrüchte (sehr säurehaltig), alle Kohlsorten (führen zu Blähungen), Käse und Joghurt (viel Eiweiß), Sonnenblumenkerne und Nüsse (fetthaltig, machen dick), Kopfsalat (hoher Nitratgehalt).

▶ Tabu im Futternapf: rohe Kartoffeln und Bohnen, rohe Eier, Zwiebeln, geschwefeltes Trockenobst, Kuhmilch (enthält Laktose), gewürzte Speisen, verschimmeltes Obst, Essensreste.

Giftpflanzen

Zu den für Ratten giftigen Pflanzen zählen Alpenveilchen, Amaryllis, Azalee, Christrose, Chrysantheme, Dieffenbachie, Efeu, Geranie, Hortensie, Hyazinthe, Krokus, Maiglöckchen, Mistel, Narzisse, Primel, Oleander und Weihnachtsstern. Entfernen Sie unbekannte Pflanzen zur Sicherheit aus dem Rattenzimmer.

Gepflegte Tischsitten

Beim Fressen sitzen die Ratten meist in charakteristischer Körperhaltung mit gekrümmtem Rücken auf ihren Hinterbeinen. Dadurch haben sie die Pfoten

frei und können die Futterbröckchen festhalten und sehr geschickt drehen und wenden. Nach jeder Mahlzeit putzen sich die Nager ausgiebig: Essensreste an Nase und Gesichtshaaren mögen sie überhaupt nicht. Streit ums Futter gibt es selten, einen Mindestabstand zu den Mitessern halten die Tiere trotzdem ein. Und mit besonderen Leckerbissen ziehen sie sich lieber in eine Ecke zurück.

Handfütterung

Handgefütterte Ratten werden schneller zahm, ansonsten sollten nur kranke und alte Tiere, die man zum Essen überreden muss, per Hand gefüttert werden. Mit einem Leckerbissen, den Sie vor das Versteck halten, lassen sich ausgebüxte Tiere häufig zur Rückkehr animieren.

Besser nicht: Viele Pflanzen sind für Ratten giftig und gehören nicht ins Rattenzimmer.

Regeln für gesundes und artgerechtes Füttern

Die wichtigsten Fütterungspunkte im Überblick: Worauf müssen Sie beim Füttern achten? Was mögen Ratten? Wie vermeiden Sie einseitige Ernährung? Und wann sollte gefüttert werden?

Tagesration ermitteln Kontrollieren Sie, ob alles gefressen wird. Bleiben regelmäßig Reste im Napf und wird viel Futter gehortet, sollte die Tagesration verkleinert werden. Basisration Körnerfutter: ein gestrichener Esslöffel pro Tag, manche Tiere brauchen aber auch zwei.

Futterverstecke ausräumen Ratten betreiben Vorratshaltung, und das an allen möglichen und unmöglichen Stellen im Käfig. Leeren Sie die Depots täglich, um zu verhindern, dass sich Schimmel und Krankheitskeime ansiedeln.

Reste raus Nehmen Sie übrig gebliebenes Futter spätestens nach 24 Stunden aus dem Käfig. Das gilt vor allem für leicht verderbliches Obst und Gemüse, aber auch für verschmutztes oder von Harn durchtränktes Körnerfutter.

Blinddarmkot nicht entfernen Ratten nehmen den Blinddarmkot meist sofort wieder auf (→ Seite 70). Fehlt er, kommt es zu Mangelerscheinungen.

Frisches Trinkwasser Nippeltränken täglich mit frischem Wasser füllen. Das Wasser muss immer verfügbar sein.

Sauberes Geschirr Reinigen Sie Näpfe vor der Fütterung unter heißem Wasser.

Futterspiele Bei der Suche nach versteckter Nahrung sind die Nager mit Feuereifer bei der Sache und bleiben fit (→ Seite 74). Nudeln (gekocht oder roh) eignen sich perfekt zum »Tauziehen«, und die Aussicht auf leckere Häppchen in der Buddelkiste verleitet oft mehrere Tiere gleichzeitig zum Wühlen.

Keine Fastenzeit Lassen Sie Ihre Ratten niemals hungern. Sie nehmen zwar immer nur kleine Mahlzeiten zu sich, gehen aber durchschnittlich alle zwei Stunden zum Napf.

Immer alles frisch Gammelndes oder verschimmeltes Obst und vertrocknetes Gemüse sind schädlich und gefährden die Gesundheit der Ratten.

Gesunde Leckerbissen Verwöhnen Sie die Ratten mit Maiskolben, Möhrenchips oder getrockneten Äpfeln anstatt mit kalorienreichen und zuckerhaltigen Snacks, die dick machen.

Kranke aufpäppeln Powerriegel und andere Kalorienbomben gibt es nur für kranke und schwache Ratten.

Sicher nach Hause Füttern Sie immer erst nach dem Auslauf. Die Nager kommen dann in der Regel freiwillig in den Käfig zurück.

Unter Kontrolle Beobachten Sie Ihre Rattengesellschaft regelmäßig beim Fressen. Nur so sehen Sie, ob ein Tier zu kurz kommt, ob es Futterneid gibt oder jemand sogar die Nahrung verweigert.

Leckermäuler Manche Ratten nehmen nur ihre Lieblingsbröckchen und lassen alles andere unberührt stehen. Um eine einseitige Ernährung zu verhindern, füllen Sie den Napf erst wieder, wenn auch das andere Futter angerührt wurde.

Mahl-Zeiten Füttern Sie Ihre Ratten am besten morgens und abends.

Harte Kost Material zum Benagen muss immer verfügbar sein, etwa Knäckebrot, Kräcker, Knabberstangen und Zweige.

In die Mitte Stellen Sie Futternäpfe nicht direkt ans Käfiggitter, weil hier die Vorzugswege der Bewohner verlaufen.

Handfütterung Mit der Hand sollten Sie nur neue Tiere füttern, um ihnen die Eingewöhnung zu erleichtern; außerdem alte oder kranke Ratten.

Richtig füttern
auf einen Blick

Fürs Futter jobben

Verstecken Sie Futterhäppchen und Brotstücke unter
Wurzeln, in Röhren, Streu
und Buddelkiste, oder hängen Sie einen ganzen Apfel
an den Kletterbaum. Die
Futtersuche macht den Na-
gern Spaß und hält sie fit.

◀ Gesund und lecker

Obst, Gemüse und Kräuter
stehen täglich auf dem Speisezettel. Ein Stückchen Melone
schmeckt gut und liefert wichtige Vitamine. Für Fitness und
schlanke Linie sind Karotten
und Gurkenscheiben die richtige Empfehlung.

◀ Tagesration

Ein gestrichener Esslöffel pro
Tag und Tier lautet die Faustregel fürs Körnerfutter. Manche Ratten brauchen jedoch
deutlich mehr. Kürzen sollte
man die Rationen, wenn regelmäßig Futterreste im Fressnapf bleiben.

Herzhaft bissfest ▶

Für ein knackiges Knäcke-
brot ist immer noch Platz
im Magen. Während man
Obst- und andere Feucht-
futterreste möglichst so-
fort entfernen sollte, kann
die Trockenkost etwas länger im Käfig bleiben.

▲ Saubere Tränke

Das Trinkwasser in den Nippeltränken muss jeden Tag
durch frisches ersetzt werden.
Mindestens einmal pro Woche
sollte man die Trinkröhrchen
gründlich mit der Bürste reinigen und gleichzeitig auch die
Funktion der Tränken prüfen.

Fitness für Leckermäuler

Ratten spielen, klettern und wühlen für ihr Leben gern. Und sie sind ständig auf der Suche nach Essbarem. Was liegt näher, als ihr Köpfchen und ihren Körper bei der Suche nach leckeren Knabbereien zu fordern? Die Belohnung gibt es gratis.

EINFACH IST LANGWEILIG Ratten sind gewitzt, sie haben einen untrüglichen Orientierungssinn und kennen jede Ecke ihres Käfigs. Um sie wirklich auf Trab zu bringen, müssen Sie ihnen bei Suchspielen richtig harte Nüsse servieren.

Der Futterparcours

Ein unter der Schaukel, in einer Käfigecke oder auf dem Dach eines Häuschen deponierter Leckerbissen stellt für eine echte Ratte keine Herausforderung dar. Je komplizierter, desto besser, lautet das

Was duftet denn da so toll? Für einen Leckerbissen macht sich jede
▸ *Ratte ganz lang.*

Motto für einen Parcours mit möglichst ausgefallenen Futterverstecken. Lassen Sie Ihrer Fantasie freien Lauf.

▸ Zum Wühlen: Bananenchips zwischen den Zeitungsschnitzeln in der Buddelkiste; in der Streu versteckte Walnüsse (mit Schale).
▸ Zum Einsammeln: Kürbiskern- oder Erbsenstraßen auf Treppen und Rampen, Drops in den Laufröhren.
▸ Zum Klettern: getrocknete Apfelringe auf den Knoten des Kletterseils; ein am Kletterbaum hängender Maiskolben (getrocknet) oder ganzer Apfel; an Querseilen befestigte Spaghetti.
▸ Zum Auspacken: in Papier gewickelte Nüsse oder getrocknete Beeren.

Kombinieren Sie solche Suchaufgaben, die den Tieren unterschiedliche Fertigkeiten abverlangen. Hilfestellung Ihrerseits ist meist nur am Anfang nötig.

▸ Planen Sie für die Futterspiele feste »Trainingszeiten« ein, am besten während der Aktivitätsphasen am Morgen oder Abend. Ihre Ratten registrieren dann sofort, was auf dem Plan steht.
▸ Auch beim Auslauf lassen sich die Nager zum Suchdienst animieren. Die neuen Verstecke sind eine besondere Herausforderung. Legen Sie aber nur ganz kleine Futterbelohnungen aus, damit der Hunger groß genug ist, um zu den Hauptmahlzeiten in den Käfig zurückzukehren.

Wer ist die pfiffigste Spürnase?

Die Suche nach Nahrung liegt auch den zahmen Ratten noch im Blut. Mit immer neuen Futterverstecken bringen Sie Ihre Käfigtruppe so richtig auf Trab, sorgen für viel Bewegung und Fitness und begeisterte Mitspieler. Wer ist der Champion?

Der Test beginnt:

○ Für Anfänger: Legen Sie die Leckerbissen offen neben eine Wurzel, unter die Treppe oder in die Laufröhre. Wer die Nase vorn hat, bekommt die Belohnung gratis dazu.

○ Für Fortgeschrittene: Verstecken Sie Futterbrocken oder Obststücke in der Buddelkiste.

○ Für Experten: Die Leckerbissen hängen wie Vogelfutter am Seil oder unter dem Käfigdach.
   Für Profis: Die Belohnung wartet in einer von drei Boxen mit (verschiebbaren) Deckeln.

Mein Testergebnis:

Wie Ratten Futter testen

Wild lebende Ratten sind ständig auf Nahrungssuche. Ist der Hunger groß, bleibt ihnen oft keine andere Wahl, als auch von unbekannten Futterquellen zu probieren. Meist frisst dann ein Rudelmitglied ein paar Häppchen der fremden Kost. Kehrt der Testesser zur Gruppe zurück, schnuppern die anderen an seinem Maul und prüfen so seinen Atem und möglicherweise auch den Speichel. Beide liefern offensichtlich wichtige Informationen über die Inhaltsstoffe und den Geschmack der Nahrung. Erst jetzt entscheidet sich, ob alle Ratten vom Futter fressen. Über diese besondere Form der Kommunikation bilden sich auch Nahrungsvorlieben aus, die innerhalb des Rudels und an den Nachwuchs weitergegeben werden. Spezielle Vorkoster allerdings, die von ihren Artgenossen ausgewählt und zur Probemahlzeit vorgeschickt werden, gibt es nicht – auch wenn sich die Berichte über ein solch aufopferndes Verhalten hartnäckig halten. Vertragen Ratten ein bestimmtes Futter nicht, meiden sie es für lange Zeit, oft sogar für immer. Auch bei Giftködern verknüpfen die Tiere sehr schnell Ursache und Wirkung.

Mit dem wachsenden Vertrauen zum Menschen sind bei den Heimtierratten Misstrauen und Vorsicht zunehmend abhanden gekommen. Auch bei unbekanntem Futter im Napf lassen sie sich meist nicht lange bitten – vorausgesetzt, das Angebot trifft ihren Geschmack.

Fragen zu
Futter und Fütterung

? Stärkt es Fitness und Abwehrkräfte, wenn ich meinen Ratten ab und zu ein Vitamin- und Mineralstoffpräparat spendiere?
Ein ausgewogenes Mischfutter enthält alles, was die Nager brauchen, auch Vitamine und Mineralstoffe. Nahrungsergänzungen können bei kranken Tieren, werdenden oder säugenden Müttern und bei Jungtieren nötig sein: In diesen Sonderfällen sollten Sie Art und Menge des Zusatzfutters mit dem Tierarzt absprechen. Vitamin-C-haltige Kost ist als Zufutter nicht extra nötig, da der Organismus der Ratten dieses Vitamin selbst produziert.

? Im Winter gibt es weniger frisches Obst. Ist Dosenobst ein geeigneter Ersatz?
Für Ananas- oder Pfirsichstückchen aus der Dose lässt sich die Käfigtruppe genauso begeistern wie für Frischobst. Allerdings sollten Sie die Dosenkost seltener und in kleineren Rationen anbieten, da sie fast immer relativ stark gezuckert ist. Eine gute Alternative sind Tiefkühlobst und -gemüse. Hier wird ganzjährig alles angeboten, was das Rattenherz und der Rattenmagen begehren. Und gesund ist die Kühlnahrung auch, da beim Frosten die Vitamine erhalten bleiben. Wer für mehr Abwechslung im Futternapf sorgen möchte, bietet seinen Nagern frisches Keimfutter an (→ Seite 69) oder zieht ein paar Kräuter im Topf.

? Die Nippeltränke im Käfig war verstopft, und es gab kein Wasser mehr. Zum Glück habe ich es gleich bemerkt. Wie lässt sich das verhindern?
Gehen Sie mit einer zweiten Tränke auf Nummer sicher. Zwei Nippeltränken sollten sowieso Standard in jedem Rattenkäfig sein, damit auf jeden Fall immer genügend Trinkwasser zur Verfügung steht. Prüfen Sie außerdem die Funktion der Wasserspender regelmäßig, was sich ohne Zeitaufwand beim wöchentlichen Reinigen der Röhrchen erledigen lässt.

? An einem Lieblingsleckerbissen ziehen und zerren oft mehrere meiner Rabauken gleichzeitig und beanspruchen ihn für sich. Kann es dabei richtig Zoff geben?
Natürlich will jede Ratte einen Leckerbissen für sich haben, vor allem wenn es den nur selten gibt. Doch echter Futterneid kommt im Rudel selten vor. Behält schließlich eine die Oberhand, bringt sie ihre Beute in Sicherheit und verkostet ein paar Häppchen. Danach ist der Leckerbissen wieder für alle freigegeben. An großen Futterstücken (etwa einem Zapfen) knabbern oft zwei oder drei Tiere zugleich, ohne dass es Stress gibt. Sie halten lediglich einen Mindestabstand zueinander ein. Selbst beim »Tauziehen« an einer Nudel geht es friedlich zu. Mehr noch: Die beiden Kontrahenten tun dabei auch etwas für ihre Fitness.

Warum wachsen Nagezähne ständig nach? Ist das nicht eher eine »Fehlkonstruktion« im Bauplan?

Ganz im Gegenteil: Mit ihrem kräftigen Gebiss und den widerstandsfähigen und scharfen Schneide- oder Nagezähnen können Nager Nahrungsquellen nutzen, die anderen Tieren nicht zur Verfügung stehen. Die wurzellosen, nachwachsenden Nagezähne werden dabei automatisch kurz gehalten und schärfen sich immer wieder von selbst, weil nur ihre Vorderseiten mit sehr hartem Schmelz überzogen sind. Die Nagezähne der Ratte wachsen zirka 15 mm im Monat. Die harte Nahrung würde nicht nachwachsende Zähne innerhalb kurzer Zeit unbrauchbar machen. Wie erfolgreich diese Konstruktion ist, beweist die Tatsache, dass Nager (Rodentia) die umfangreichste Ordnung der Säugetiere stellen und heute über die Hälfte aller Säugetierarten Nager sind.

Muss Rattenfutter eigentlich unbedingt tierisches Eiweiß enthalten? Andere Kleinsäuger wie beispielsweise Meerschweinchen kommen doch auch ohne gut aus.

Für die Gesundheit der Ratte sind tierische Proteine unerlässlich. Das gilt besonders für den Nachwuchs. Fehlt dieses Eiweiß im Aufzuchtfutter, entwickeln sich die Jungen deutlich langsamer. Eine übermäßige Versorgung mit proteinreicher Kost erhöht jedoch die Anfälligkeit für Hautkrankheiten, möglicherweise auch für Krebserkrankungen.

Eine meiner Ratten hat einen erklärten »Lieblingssport«: Schlafen und Fressen. Schadet es, wenn sie ein bisschen zu viel auf den Rippen hat?

Ratten sind kräftige Tiere, aber sie sollten schlank sein. Sonst entsteht schnell ein Teufelskreis: Wer dick ist, wird unbeweglich, und wer sich nicht ausreichend bewegt, legt weiter an Gewicht zu. Es ist nachgewiesen, dass übergewichtige Ratten eine kürzere Lebenserwartung haben. Aufpassen muss man vor allem bei älteren Tieren, bei denen die Bewegungsfreude meist sowieso schon nachlässt. Als Faustregel gilt: ein leicht gehäufter Esslöffel Körnerfutter pro Tag für eine gesunde erwachsene und normal aktive Ratte, dazu ausreichend Obst und Gemüse. Ihrem »Schlafratz« sollten Sie gezielt mit Spiel- und Sportangeboten Beine machen. Es wäre auch sinnvoll, seine Tagesration leicht zu verringern, was sich aber bei Gruppenhaltung nur schwer praktizieren lässt.

Darf ich den Ratten handelsübliches Katzengras vorsetzen?

Frisch gekeimtes Katzengras wird von vielen Ratten gern genommen, Sie sollten es aber nicht ständig anbieten. Nagergras, das Sie ebenfalls selbst anziehen können, besteht aus verschiedenen Gräsersorten, was manchen Ratten besonders zusagt.

5. Pflegen und gesund erhalten

Ratten sind außerordentlich reinliche Tiere und werden nur selten krank. Für ihr sauberes Zuhause ist der Halter zuständig – und er betreibt damit gleichzeitig wichtige Krankheitsvorsorge.

Anleitung zur Pflege und Käfigreinigung

Rattenpflege ist ein Gesamtpaket, das nicht nur den Krankheitsschutz und die Käfigreinigung, sondern alle Haltungsbedingungen umfasst: von den Beschäftigungsangeboten und der Ernährung bis zur täglichen Zuwendung durch den Halter.

20 MINUTEN TÄGLICH Füttern, Entfernen der Nahrungsreste, Trinkwasserwechsel und Säubern der Toilettte sind Teil der täglichen Pflegeroutine. Bei einem gut zugänglichen und praxisgerecht eingerichteten Rattenkäfig müssen Sie dafür kaum mehr als 20 Minuten investieren. Die Morgenvisite, den prüfenden Blick auf die körperliche Verfassung und das Verhalten der gesamten Käfigtruppe (→ Seite 80–81), können Sie dabei ohne viel Aufwand gleich miterledigen.

Richtig pflegen heißt artgerecht halten

Alle Pflegemaßnahmen sind nur dann erfolgreich, wenn auch die Haltungsbedingungen stimmen. Dazu gehören:

▸ Käfiggröße: Bauart und Abmessungen des Käfigs richten sich nach der Anzahl seiner Bewohner. Ist er zu klein oder zu niedrig, sind soziale Konflikte vorprogrammiert und die Tiere geraten unter Stress. Darüber hinaus verschmutzt ein unterdimensionierter Käfig sehr schnell.

▸ Standort: Eine laute und hektische Umgebung macht Ratten nervös und auf Dauer krank. Zugluft und häufige Temperaturschwankungen schwächen die Abwehrkräfte. Die mentale Fitness leidet, wenn der Käfig in eine dunkle und abgelegene Ecke abgeschoben wird, wo die Tiere nicht am Leben um sie herum teilhaben können.

▸ Ernährung: Ein ausgewogenes und artgerechtes Futter ist der Garant für stabile Gesundheit. Nur die gesunde Ratte pflegt sich regelmäßig und betreibt so aktive Krankheitsprophylaxe. Übergewichtige, zu reichlich gefütterte Tiere vernachlässigen die Pflege.

▸ Beschäftigung: Langeweile macht krank. Ratten sind intelligente und aktive Tiere. Sie verkümmern, wenn es nicht genügend Beschäftigungs-

Große Wäsche: Mehrmals täglich steht bei Ratten Körperpflege auf dem Programm. Dabei putzt man sich nicht nur hinter den Ohren, sondern säubert akribisch jede Körperpartie. ▸

und Spielangebote gibt. Zusätzlich ist der tägliche Auslauf unverzichtbar.

▶ Zuwendung: Der vertraute Halter wird als Rudelmitglied betrachtet. Die Nähe und der Körperkontakt zu ihm steigern das Wohlbefinden der Nager und vermitteln ihnen das Gefühl von Geborgenheit und Sicherheit.

Markieren gehört dazu

Die Käfigbewohner lassen sich relativ leicht an eine Toilettenschale gewöhnen. Bei den Harntröpfchen, mit denen die Ratten ihren Eigenbezirk kennzeichnen, haben Sauberkeitsbestrebungen allerdings keinen Erfolg. Das Markieren des Reviers und aller als Rudelbesitz beanspruchten Objekte (und dazu gehört auch der Halter) ist Teil des ererbten Verhaltensinventars der Nager und kann durch keine Erziehungsmaßnahme verändert werden. Da die Ratten die Harnmarken auch zur Orientierung einsetzen, sollte der Auslauf auf ein Zimmer begrenzt bleiben, in dem keine Möbel mit hochwertigen und empfindlichen Oberflächen stehen.

Wie aus dem Ei gepellt

Eine Ratte braucht bei der Körperpflege normalerweise keine Hilfe. Vor allem nach den Mahlzeiten putzt und wäscht sie sich ausgiebig und mit viel Ausdauer, hauptsächlich im Gesicht und hinter den Ohren. Auch Zehen und Krallen werden regelmäßig beknabbert und von Schmutzteilchen befreit. Wird die Pflege vernachlässigt, ist das nicht selten ein erstes Anzeichen für eine Erkrankung.

Morgenvisite

Für den Rattenhalter ist die tägliche Gesundheitsinspektion seiner Pflegekinder selbstverständlich. Dazu reicht in der Regel der Augenschein. Nehmen Sie jede körperliche und jede Verhaltensänderung ernst, und untersuchen oder beobachten Sie sie. Das Motto »Erst einmal abwarten, vielleicht wird es ja wieder besser« gilt bei Ratten nicht. Krankheiten nehmen bei ihnen häufig einen sehr schnellen Verlauf. Gehen Sie daher im Zweifelsfall immer zum Tierarzt. Achten Sie bei der Morgenvisite auf Folgendes:

▶ Körper: keine eingefallenen Flanken
▶ Körperhaltung: weder kauernd noch mit stark gekrümmtem Rücken
▶ Kopfhaltung: normal und nicht schief
▶ Fortbewegung: ohne Behinderung
▶ Fell: frei von Krusten und Kahlstellen, kein ständiges Lecken und Kratzen
▶ Augen: klar und ohne Ausfluss

◀ *Ein bisschen Wellness fürs Nagerfell: Sandbaden tut gut. Der feine Sand entfernt nicht nur lästige Schmutzteilchen, sondern verleiht dem Haarkleid auch neuen Glanz.*

- Nase: sauber, frei von Sekreten
- After: nicht verschmutzt
- Krallen: nicht gesplittert oder gerissen
- Kotkontrolle: normal geformt, kein Durchfall, After nicht verklebt
- Appetit: normal; die gewohnte Nahrung wird ohne Zögern gefressen
- Atmung: frei von Atemgeräuschen
- Verhalten: aufmerksam und nicht scheu, lethargisch oder distanziert
- Verhalten: lebhaft und bewegungsfreudig, aber nicht auffällig unruhig
- Zuwendung: zutraulich gegenüber dem Halter, nicht abweisend
- Körperkontakt: ohne Schmerzenslaut oder Abwehrbeißen bei Berührung

Krallen schneiden

Bei alten und kranken Tieren passiert es hin und wieder, dass sich die Krallen nicht genug abnutzen. Werden sie zu lang, müssen sie sehr vorsichtig gekürzt werden. Da in der Krallenbasis Blutgefäße verlaufen, darf jedoch nur die äußerste Spitze abgeschnitten werden; ansonsten kann es bluten. Die Krallenpflege klappt am besten zu zweit: Einer hält mit der einen Hand den Körper der Ratte, mit der anderen ihren Fuß; der Zweite schneidet. Zum Kürzen eignen sich Nagelschere oder -clip. Und falls es doch einmal blutet, drücken Sie ein feuchtes Tuch auf Fuß und Kralle.

Sand macht schön

Eine Schale mit Vogel- oder Chinchillasand verführt zum Baden. Das Bad im Sand gehört zum Komfortverhalten. Es sorgt nicht nur für ein sauberes Fell, sondern steigert auch das Wohlbefinden. Da der Sand schnell verschmutzt, sollte die Schale nicht ständig im Käfig stehen.

CHECKLISTE

Der tägliche Hausputz

An die Reinigung des Käfigs gewöhnen sich die Ratten schnell, wenn sie immer zur gleichen Zeit und im gleichen Ablauf erfolgt.

○ Essensreste entfernen: Übrig gebliebenes Obst und Gemüse, aber auch Körner, die von Harn durchfeuchtet oder mit Kot verschmiert sind, vor dem Füttern entsorgen.

○ Tagesrationen prüfen: Futtermenge verkleinern, wenn regelmäßig zu viel in den Näpfen zurückbleibt.

○ Fressnäpfe reinigen: Unter heißem Wasser abspülen, keine Spülmittel verwenden.

○ Wasser wechseln: Altes Trinkwasser ausleeren und die Nippeltränken mit frischem Wasser füllen.

○ Toilettenschale bzw. -ecke säubern: Verunreinigte und feuchte Streu austauschen, bei stärkerer Verschmutzung die gesamte Streu ersetzen.

○ Einstreu erneuern: Käfigstreu an den stark verschmutzten Stellen austauschen.

○ Vorratslager leeren: Gehortetes Futter entfernen, z. B. aus den Häuschen und aus Depots, die in der Streu vergraben sind.

○ Befestigungen prüfen: Ohne viel Aufwand lässt sich beim Hausputz die Stabilität der Einrichtung kontrollieren.

Die regelmäßige Reinigung von Käfig und Einrichtung
ist die **beste Gesundheitsvorsorge,** mit der Sie
Ihre Pflegekinder schützen können.

Hauptsache handzahm

Wichtigste Voraussetzung für sämtliche Pflege- und Vorsorgemaßnahmen ist das Vertrauen der Käfigbewohner zu ihrem Halter (→ Seite 58): Alle Tiere sollten handzahm sein und sich ohne Gegenwehr anfassen und hochheben lassen.

Wasserspiele

Obwohl fast alle Ratten Wasser lieben, gibt es individuelle Unterschiede und neben echten Wasserratten auch hartnäckige Nichtschwimmer. Füllen Sie daher immer nur so viel Wasser in die Badeschale, dass die Tiere noch sicher stehen können. Dass die Wasserspiele stets unter Ihrer Beobachtung stattfin-

Einmal im Monat ist großer Käfigputztag. Die Nager haben während dieser Zeit Auslauf.

den, versteht sich von selbst. Und: Das Planschbecken gehört nicht zur Grundausstattung und sollte auch nicht im Käfig stehen, weil sonst die ganze Streu durchnässt wird.

Die Reinigung des Käfigs

▸ Erleichtern Sie sich das Saubermachen, und achten Sie schon beim Kauf von Käfig und Einrichtung auf pflegeleichte und abwischbare Materialien. Große Fronttüren und zusätzliche Klappen sorgen für gute Zugänglichkeit. Zur gründlichen Reinigung sollte sich das Mobiliar ohne viel Aufwand herausnehmen lassen.

▸ Ratten haben einen untrüglichen Zeitsinn. Es dauert in der Regel nur ein paar Tage, bis sie die Fütterungs- und Reinigungstermine kennen und oft schon am Gitter auf Sie warten. Der feste Tagesablauf hilft auch beim Eingewöhnen neuer und scheuer Tiere. Hantieren Sie im Käfig nur, wenn die Ratten wach und aktiv sind, und nie während ihrer Schlafphasen.

▸ Nehmen Sie zum Säubern heißes Wasser oder stark verdünntes Essigwasser, aber keine chemischen Putzmittel. Sie greifen die empfindlichen Atemwege der Tiere an und schaden ihrer Gesundheit.

▸ Jeden Tag entfernen Sie Essensreste, säubern die Toilette und tauschen durchfeuchtete Streu in der Toilettenecke aus. Reinigen Sie die Futternäpfe mit heißem Wasser.

▶ Wöchentlich ersetzen Sie die verschmutzte Streu, spülen die Nippeltränken mit heißem Wasser aus, wechseln die gesamte Toilettenstreu, leeren die Vorratslager und tauschen die Verbrauchsmaterialien aus (wie Heu und Zeitungspapier).

▶ Monatlich (je nach Verschmutzungsgrad und bei großen Gruppen auch früher) wird die gesamte Einstreu gewechselt und die Bodenwanne mit heißem Wasser oder Essigwasser gereinigt; außerdem die Etagenbretter

Alle raus am Putztag

Damit Sie beim monatlichen Großreinemachen freie Bahn haben, sollten Sie Ihren Ratten während dieser Zeit Auslauf gewähren. Um bei großen Gruppen nicht die Übersicht zu verlieren und später nach »Streunern« suchen zu müssen, gibt es Freigang in Etappen für jeweils zwei oder drei Tiere. Die anderen ziehen in den Zweitkäfig um.

WUSSTEN SIE SCHON, DASS ...

... Ratten nicht erbrechen können?

Der Rattenmagen wird durch eine Falte unterteilt. Diese anatomische Besonderheit hat zur Folge, dass die Nager nicht erbrechen können. Ratten verkraften zum Teil auch verdorbene Nahrung klaglos, die für den Menschen absolut unbekömmlich oder gesundheitsschädigend ist. Sie haben aber nicht die Möglichkeit, giftige Stoffe oder Fremdkörper wieder abzugeben, wie wir Menschen das in manchen Fällen können. An einem verschluckten Gegenstand kann eine Ratte ersticken. Wenn Sie in dieser akuten Notsituation zur Stelle sind, sollten Sie sofort und beherzt handeln: Heben Sie das Tier an den Hinterbeinen hoch, und klopfen Sie nicht zu zaghaft so lange auf den Rücken, bis sich der Fremdkörper löst und die Ratte wieder frei atmen kann. An den fehlenden Brechreiz muss der Tierarzt auch vor einem operativen Eingriff denken: Während der Mensch für eine Operation nüchtern sein soll, wäre dies für den Organismus der Ratte schädlich.

abwaschen, Gitterstäbe abwischen sowie Textilbezüge von Hängematten und Schaukel waschen oder ersetzen. Vor allem Einrichtungsgegenstände aus unbehandeltem Holz saugen sich schnell mit Harn voll. Sie müssen mit der Bürste unter heißem Wasser kräftig abgeschrubbt werden.

Ein bisschen Stallgeruch

Lassen Sie beim Hausputz einige Stellen im Käfig unbehandelt. Der vertraute Stallgeruch signalisiert den Bewohnern die alte Heimat. Er verhindert auch, dass die Tiere nach dem Reinemachen sofort überall wieder ihre Duftmarken absetzen, um ihr Revier zu kennzeichnen.

So bleiben Ratten gesund

Intakte Rudelgemeinschaft, artgerechte Unterbringung, gesunde Ernährung, regelmäßige Beschäftigung, Zuwendung des Menschen: Gilt das alles auch für Ihre Ratten? Dann haben Sie die beste Basis geschaffen, um Ihre Tiere gesund zu erhalten.

ROBUSTER ALS IHR RUF Ratten sind zäh. Das attestiert man aber meist nur wilden Wanderratten und nicht ihren auf den Menschen gekommenen Verwandten. Im Gegenteil: Als Nachfahren von Laborratten gelten Heimtierratten oft als besonders empfindlich und krankheitsanfällig. Das stimmt jedoch nicht: Die Ratten im Haus erkranken nicht öfter als wild lebende Tiere. Auch die Tatsache, dass ältere Ratten häufiger krank werden als ihre jüngeren Artgenossen und unter spezifischen Alterserscheinungen leiden, gilt für beide gleichermaßen. Mit zwei bis drei Jahren unterscheidet sich auch ihre Lebenserwartung kaum. Senioren von fünf oder sechs Jahren findet man nur unter den Heimtierratten.

TIPP

Nie am Schwanz oder im Nacken

Auch wenn es leider immer noch empfohlen wird, dürfen Sie eine Ratte nie am Schwanz hochheben. Der Griff an dieser empfindlichen Körperpartie ist für die Tiere sehr schmerzhaft, das Verletzungsrisiko ist hoch; im schlimmsten Fall kann der Schwanz sogar abbrechen. Auch der Nackengriff ist zum Hochheben ungeeignet.

Früherkennung ist die beste Lebensversicherung

Wie bei vielen anderen Kleinsäugern zeichnet sich auch der Organismus der Ratte durch eine hohe Stoffwechselrate aus. Das hat zur Folge, dass Krankheiten schnell fortschreiten können. Für die Haltung von Ratten gilt daher: Nehmen Sie jeden Krankheitsverdacht ernst. Warten Sie bei körperlichen Veränderungen und auffälligen Verhaltensweisen nicht ab, sondern suchen Sie im Zweifelsfall umgehend den Tierarzt auf. Um dafür als neuer Rattenhalter vom ersten Tag an vorbereitet zu sein, sollten Sie unbedingt schon vor dem Einzug Ihrer Pfleglinge mit einem Tierarzt Kontakt aufnehmen, der Erfahrung im Umgang mit Kleinsäugern hat.

Wie Sie Ihre Ratten vor Krankheiten schützen

Was für den Menschen gilt, gilt auch für die Ratte: Vorsorge ist die beste Medizin. Erfüllt die Haltung diesen 11-Punkte-Katalog, dann sind die Tiere bestmöglich vor Krankheiten geschützt.
1. Starke Gemeinschaft Ratten sind hochsoziale Lebewesen, die ohne den ständigen Kontakt zu ihren Artgenossen sehr schnell verkümmern. Einzeln gehaltene Jungtiere geraten in Isolations-

Hauptsache nie alleine: Die Nähe der Artgenossen gibt Ratten Sicherheit, baut Stress ab und hält gesund.

stress, ihre Entwicklung wird verzögert. Als erwachsene Tiere zeigen sie Verhaltensanomalien, die nicht rückgängig zu machen sind.

2. Saubere Wohnung Regelmäßige Käfigreinigung schützt die Bewohner vor Krankheitserregern und Schmarotzern. Die Häufigkeit richtet sich nach dem Verschmutzungsgrad und der Gruppengröße. Bei unzureichender Reinigung kommt es durch zu viel Kot und harngetränkte Einrichtungsgegenstände zu starken Ausdünstungen, die die Bronchien der Ratten schädigen. Besonders kritisch ist dabei die Belastung der Käfigluft mit Ammoniak.

3. Ruhezone Auch in der friedlichsten Gruppe kann es zeitweise Stress geben. Dann muss sich eine Ratte für einige Zeit vom Gemeinschaftsleben zurückziehen können. Häuschen und Verstecke sind die richtigen Zufluchtsorte.

4. Prima Klima Ratten fühlen sich bei Temperaturen von 20–24 °C und einer Luftfeuchtigkeit von 50–60 Prozent am wohlsten. Eine wirksame Durchlüftung sorgt dafür, dass kein Geruchsstau entsteht. Wichtig: Zugluft ist Gift für die Ratten und die häufigste Ursache für Atemwegsprobleme (→ Seite 88).

5. Frisches Wasser Wasser ist auch für Ratten das Lebenselixier. Selbst wenn sie viel Saftfutter erhalten, darf Trinkwasser nie fehlen. Füllen Sie Nippeltränken täglich frisch. Ist das Leitungswasser stark gechlort, sollten Sie auf stilles Mineralwasser ausweichen.

6. Zahnpflege Obstbaumzweige, altes Grau- und Knäckebrot und unbehandeltes Holz halten die Nagezähne kurz.

7. Gesunde Ernährung Die ausgewogene Ernährung mit Körnermischfutter, Saftfutter und einem kleinen Anteil von tierischer Kost bildet die Grundlage für Fitness und eine stabile Gesundheit.

8. Richtige Ration Dicke Ratten sind träge. Bewegungsmangel und Übergewicht begünstigen Kreislaufprobleme und Hautkrankheiten. Kürzen Sie die Tagesrationen, wenn regelmäßig Reste im Futternapf bleiben und die Nager große Vorratslager anlegen.

9. Spiel und Sport Ratten müssen sich beschäftigen. Mit etwas Fantasie wird der Käfig zum Abenteuerland mit aufregenden Spiel- und Turngeräten.

10. Täglich Auslauf Auch ein großer Käfig ersetzt den täglichen Freilauf im Zimmer nicht. Hier dürfen die Ratten auf Entdeckungsreise gehen, was Körper und Geist gleichermaßen guttut.

11. Kuschelkontakt Das Vertrauen und der Körperkontakt zum Menschen vermitteln Geborgenheit und stärken die Abwehrkräfte.

Geborgenheit und Wärme: Für Ratten ist Körperkontakt sehr wichtig.

▼

Alarm bei Abmagerung

Gewichtsverlust ist ein Alarmsignal und oft erstes Anzeichen einer Erkrankung. Überprüfen Sie das Gewicht, wenn Sie den Verdacht hegen, dass eine Ratte magerer geworden ist. Auf die Waage sollten Sie auch alle Tiere setzen, die Symptome zeigen, die sich nicht sofort eindeutig zuordnen lassen, zum Beispiel apathisches Verhalten, struppiges Fell, Haarausfall oder Futterverweigerung. Bedenken Sie bei der Kontrolle, dass nicht das absolute Körpergewicht von Bedeutung ist – das bei Ratten ohnehin sehr unterschiedlich sein kann. Achten Sie vielmehr darauf, ob und wie sich das Gewicht verändert.

Das macht Ratten krank

Das sind die häufigsten Fehler bei der Haltung und Ernährung von Ratten:

▸ Käfig: falscher Standort, zu klein, zu niedrig oder zu geringe Grundfläche, unzureichende Einrichtung, keine Zwischenetagen, fehlende Häuschen und Verstecke, ungenügende Sauberkeit, mangelhafte Belüftung.

▸ Haltungsbedingungen: Einzelhaltung, Stress in der Gruppe (Unterdrückung durch Artgenossen), Isolationsstress bei Jungtieren, ständige Störungen während der Ruhezeiten, keine Spiel- und Beschäftigungsmöglichkeiten.

▸ Ernährung: Überfütterung, zu viel tierisches Eiweiß, übermäßiges Angebot an Leckerbissen, vergammeltes oder verschimmeltes Saftfutter, abgestandenes Trinkwasser, unsaubere Futternäpfe und Trinkröhrchen, fehlendes Nagematerial, Essensreste vom menschlichen Tisch.

▸ Auslauf: zu selten oder gar nicht.

TYPISCHE KRANKHEITSSYMPTOME BEI DER RATTE

SYMPTOM	BESCHREIBUNG	URSACHEN
Abmagerung	Die Ratte verliert pro Woche mehr als 20 Gramm an Gewicht.	Generelles Krankheitssymptom; Mangelernährung, Parasiten
Abwehrbeißen	Ein bisher zutrauliches Tier lässt sich nicht anfassen und ist bissig.	Die Ratte hat Schmerzen, jede Berührung tut ihr weh.
Apathie	Die Ratte zeigt keinerlei Aktivität und sitzt teilnahmslos in der Ecke.	Anzeichen schwerer Erkrankung, sofort zum Tierarzt
Atemprobleme	Niesen, flache Flankenatmung, Knackgeräusche beim Atmen	Atemwegserkrankung
Ausfluss aus Auge oder Nase	Rötliches Sekret aus Augenwinkeln und Nase, entzündete Augen	Generelles Krankheitssymptom; Stress, Parasiten, Haltungsfehler
Bauch, verhärtet	Aufgeblähter, gespannter Bauch, eingeschränkte Futteraufnahme	Feuchtes, ungeeignetes oder zu viel Frischfutter
Durchfall	Verklebter und verschmutzter After; geschwächt und inaktiv	Magen-Darm-Erkrankung; Fehlernährung, verdorbenes Futter
Fellschäden	Haarausfall (z. T. lokal begrenzt), Kahlstellen, Schorf, Krusten	Hautkrankheit durch Parasiten (Milben, Haarlinge) oder Pilze
Futterverweigerung	Die Ratte nimmt kaum oder gar keine Nahrung mehr zu sich.	Generelles Krankheitssymptom; Zahnprobleme, Hitzschlag
Gleichgewichts- störungen	Die Ratte bewegt sich unsicher, torkelt oder fällt um.	Entzündungen oder Abszesse im Ohr; Pilzbefall, Ohrmilben
Harn, blutig	Blutiger, stark riechender Harn, Schmerzen beim Wasserlassen	Nieren- oder Blasenentzündung
Kopf, Schiefhaltung	Der Kopf wird ständig zur Seite geneigt (»Schiefer Kopf«).	Schwere Infektion des Innenohrs
Kratzen	Die Ratte kratzt sich an entzündeten und verkrusteten Hautstellen.	Heftiger Juckreiz geschädigter Haut bei Parasitenbefall
Krummer Rücken	Stark gekrümmte Sitzhaltung	Generelles Krankheitssymptom
Speicheln	Übermäßiger Speichelfluss	Zahnprobleme, verschluckter Fremdkörper
Tumoren	Tastbare Geschwulstbildungen unter der Haut	Abszesse, Lipome, Entzündungen, häufig Krebsgeschwulste
Unruhe	Hyperaktives Verhalten, oft gleichzeitig mit Kratzen und Lecken	Juckreiz und Hautprobleme durch Schmarotzerbefall

◀ *Ein Löffel für die Gesundheit: Bei Krankheiten, die durch Parasiten oder Pilze ausgelöst werden, muss das erkrankte Tier von den anderen getrennt werden, um eine Übertragung zu verhindern. Im Zweitkäfig wird die kranke Ratte dann mit Medizin versorgt.*

Die häufigsten Krankheiten der Ratte

Je früher eine Erkrankung erkannt und behandelt wird, desto größer sind die Heilungsaussichten. Das gilt für Ratten ganz besonders, da sich Krankheiten bei ihnen sehr schnell entwickeln können und die Therapie dadurch zunehmend erschwert wird. Die Behandlung kranker Tiere ist allein Sache des Tierarztes, eine Selbstmedikation kann für die Nagetiere fatale Folgen haben. Besonders bei Verdacht auf eine Infektionskrankheit sollten Sie umgehend den Arzt aufsuchen. Nur die zuverlässige Diagnose und eine sofort eingeleitete Therapie können verhindern, dass sich die anderen Käfigbewohner mit dem Erreger anstecken.

Atemwegsinfektionen

Ursachen Erkrankungen der Atemwege können unter anderem durch Bakterien und Viren ausgelöst werden. Hauptverantwortlich für Probleme mit der Lunge oder den Bronchien sind bei den Ratten Zugluft sowie zu feuchte oder übermäßig trockene Luft. Erkältungen sind daher bei den Nagern nicht selten. Auch aggressive Ammoniakdämpfe, die sich in verschmutzten Käfigen relativ schnell ansammeln, führen zur Reizung und auf Dauer zur schweren und bleibenden Schädigung der Atemwege.

Symptome Erkältete Ratten niesen, sie produzieren knackende oder röchelnde Atemgeräusche, haben eine flache und schnelle Flankenatmung und oft auch starken Nasenausfluss. Meist ist der gesamte Organismus betroffen: Die Tiere sind teilnahmslos, fressen kaum und magern ab, das Fell wird struppig oder dünnt aus. Bakterielle Atemwegsinfektionen schwächen die Immunabwehr, was vor allem ältere Ratten für weitere Erkrankungen anfällig macht.

Therapie Bei leichter Erkältung hilft Wärme (Rotlicht), bei schweren Infektionen muss der Tierarzt Antibiotika verschreiben. Vitamine und Mineralstoffe können die Widerstandskraft des kranken Tieres stärken.

Hautkrankheiten

Ursachen Viele Haut- und Fellprobleme werden durch Parasiten und Pilze hervorgerufen. Aber auch Allergien können zu hartnäckigen Schädigungen der Haut führen. Als Bumblefoot bezeichnet man ein spezielles Krankheitsbild, das vor allem bei übergewichtigen Rattenmännchen vorkommt: Sie neigen verstärkt zur Bildung von hartnäckigen Abszessen an den Ballen der Hinterbeine.

Symptome Hautkranke Tiere kratzen und lecken sich meist ohne Pause, um sich vom quälenden Juckreiz zu befreien, der von den entzündeten und verkrusteten Stellen ausgeht. Hautkrankheiten schädigen auch das Fell: Es kommt zu Haarausfall und typischen, häufig lokal begrenzten Kahlstellen.

Ratten mit Bumblefoot hinken sichtbar, da sie den entzündeten und schmerzenden Fuß nicht aufsetzen können.

Therapie Ein Ballenabszess muss sofort vom Tierarzt behandelt werden, um die Schmerzen zu lindern; Haltung auf trockener und weicher Einstreu. Bei einem Pilz- und Parasitenbefall ist eine Diagnose oft schwierig und die Therapie fast immer langwierig.

Milben, Haarlinge und Flöhe

Ursachen Vermehrtes Auftreten von Parasiten ist in der Regel ein Symptom für nicht artgerechte Haltung: Unsauberkeit, Ernährungsfehler, vernachlässigte Pflege, dauerhafte Konflikte im Rudel oder Stress durch Lärm und ständige Störungen und vieles mehr.

MEIN HEIMTIER

Zu mager oder zu dick?

Wenn ein Tier sehr schnell abmagert, ist das ein Krankheitssymptom. Übergewicht wiederum schädigt Knochen und Gelenke und verkürzt nachweislich die Lebenserwartung der Ratte. Testen Sie, ob Ihre Nager gewichtsmäßig im grünen Bereich liegen.

Der Test beginnt:
○ Stehen bei einer Ratte die Knochen hervor? Trifft das für mehrere oder sogar alle Tiere zu?
○ Zeigt die Waage an, dass eine Ratte mehr als 20 Gramm pro Woche abgenommen hat?
○ Sind einige Rudelmitglieder träger und weniger kletterfreudig als andere?
○ Bleibt ständig Futter in den Näpfen zurück, und legen die Ratten große Vorratslager an?
○ Gibt es Tiere, die trotz ihres guten Appetits zunehmend magerer werden?

Mein Testergebnis:

2 **Quarantäne-Box** Bei Krankheitsverdacht kann eine Ratte für kurze Zeit in einer kleinen Krankenstation untergebracht werden. Zur Minimalausstattung gehören ein Häuschen sowie Fress- und Wassernapf.

1 **Fitnesskontrolle** Die gesunde Ratte ist munter und neugierig. Abweisendes und lethargisches Verhalten ist nicht selten das erste Indiz einer Erkrankung.

3 **Fellprobleme?** Neben struppigem Fell, Schorfbildung und Haarausfall sind starke Unruhe und ständiges Kratzen typische Symptome eines Parasitenbefalls.

Symptome Schütteres und struppiges Fell, meist lokal begrenzter Haarausfall; Schuppen und Schorfbildung, besonders auffällig an den Ohren. Befallen werden bevorzugt Rücken, Flanken und Gesicht. Die Ratten sind unruhig und kratzen beziehungsweise lecken sich ständig. Räudemilben und Haarlinge rufen ähnliche Symptome hervor; die Haarlinge lassen sich mit bloßem Auge erkennen. Flöhe sind bei Nagern selten.
Therapie Suchen Sie bei entsprechenden Verdachtsmomenten umgehend den Tierarzt auf. Trennen Sie befallene Tiere von der Gruppe, um zu vermeiden, dass sich weitere Tiere anstecken.

Band- und Rundwürmer

Ursachen Band- und Rundwürmer sind Endoparasiten, die im Körperinneren ihres Wirtes schmarotzen.

Symptome Vor allem bei Rundwürmern beeinträchtigt starker Befall die Gesundheit der Ratte. Das Fell ist struppig, sie magert ab und verhält sich lethargisch. Es kann zum Darmverschluss kommen.
Therapie Diagnose und Behandlung durch den Tierarzt.

Tumoren

Ursachen Geschwulstbildungen sind bei Ratten insgesamt und vor allem bei älteren Tieren nicht selten.
Symptome Besonders häufig entstehen Tumoren am Bauch und Gesäuge. Entdeckt wird eine Geschwulst oft erst, wenn sie herangewachsen ist und das erkrankte Tier Beschwerden hat oder sich sein Verhalten auffällig ändert. Das gilt speziell für Tumoren an inneren Organen. Nur der Tierarzt kann feststellen, ob ein Tumor gut- oder bösartig ist.

Therapie Ein kleiner und rechtzeitig entdeckter Tumor, der noch keine Metastasen gebildet hat, lässt sich meist gut chirurgisch entfernen.

Magen-Darm-Erkrankungen

Ursachen Wurmbefall, Fütterungsfehler, Haarballen im Magen, verschluckte Fremdkörper.
Symptome Würmer (→ linke Seite) und falsche Ernährung können Durchfall und Verstopfung auslösen; die Tiere magern häufig ab. Haarballen (Bezoare) entstehen, wenn beim Fellputzen viele Haare verschluckt werden, im Magen verklumpen und nicht abgehen. Wie auch bei Fremdkörpern kommt es zu Verstopfungen und Futterverweigerung.
Therapie Wurmkontrolle beim Tierarzt; operative Entfernung großer Bezoare, die sich nicht abführen lassen. Zur Vorbeugung: Plastik und ähnliches Material, das angeknabbert und verschluckt werden kann, gehört nicht in den Käfig.

Nasen- und Augenausfluss

Ursachen Befall durch Schmarotzer und Bakterien, Stress, allgemeine Anzeichen von Unwohlsein und Krankheit, unzureichende Haltungsbedingungen.
Symptome Vermehrte Absonderung eines rötlichen Sekrets aus der Nase (»Blutnase«) und den Augenwinkeln. Dabei handelt es sich um ein normalerweise klares Sekret, das von den Harderschen Drüsen gebildet wird und als Schmierstoff für die Lidbewegung dient. Bei beginnender Krankheit färbt es sich rot. Auch verklebte Augen sind ein Zeichen, dass sich eine Ratte nicht wohlfühlt oder eine Krankheit ausbrütet.
Therapie Zur Abklärung der tatsächlichen Ursache sollte das Tier in jedem Fall dem Tierarzt vorgestellt werden.

CHECKLISTE

Übertragbare Krankheiten

Zoonosen sind Infektionskrankheiten, die vom Tier auf den Menschen übertragen werden können – und umgekehrt. Bei im Haus gehaltenen Ratten ist das Infektionsrisiko sehr gering. Auf gute Hygiene sollten Sie im Umgang mit Tieren aber dennoch achten.

○ Leptospirose: Infektionskrankheit, die unter anderem von Feldmäusen und Wildratten übertragen wird. Infizieren können sich Heimtierratten, wenn sie draußen frei laufen dürfen – sie können dann auch den Menschen anstecken. Symptome beim Menschen: meist grippeähnlich, aber auch Nierenprobleme, Hirnhautentzündung.

○ Salmonellose: Beim Tier kann die Infektion mit Salmonellen latent verlaufen und unentdeckt bleiben. Peinliche Sauberkeit im Umgang garantiert den sichersten Schutz vor Ansteckung. Salmonellose und Leptospirose sind meldepflichtig.

○ Rattenbissfieber und Sodoku-Krankheit: Bakterielle Infektionen, die durch Bisse und Kratzwunden übertragen werden. Symptome: Fieber, Kopfschmerzen, Übelkeit, Muskel- und Gelenkschmerzen. Beide Krankheiten treten nur selten auf.

○ Häufiger als umgekehrt gehen Erkältungen und grippale Infekte des Menschen auf die Ratten über, die besonders für Atemwegsprobleme anfällig sind.

Ohrentzündungen

Ursachen Entzündungen oder Abszesse in Mittel- oder Innenohr sowie Befall durch Milben und Pilze.

Symptome Unangenehmer Geruch aus dem Ohr ist häufig das erste Symptom bei Entzündung oder Parasitenbefall. Da bei Innenohrentzündungen oft auch das Gleichgewichtsorgan in Mitleidenschaft gezogen wird, bewegen sich erkrankte Tiere zum Teil unsicher und torkelnd, fallen um oder halten den Kopf schief. Ein verkrusteter Ohrrand ist typisch für einen Befall durch Räudemilben.

Therapie Die genaue Diagnose kann nur der Tierarzt stellen; meist werden mit Antibiotika gute Erfolge erzielt.

Zahnprobleme

Ursachen Probleme mit den Nagezähnen behindern eine Ratte stark. Meist ist dafür übermäßiges Zahnwachstum verantwortlich, zum Teil sind auch Abszesse und Entzündungen das Problem.

Symptome Fressen und Trinken fällt schwer, bei großen Schmerzen wird die Nahrungsaufnahme oft ganz eingestellt; die Tiere magern ab. Häufiges Begleitsymptom: starkes Speicheln.

Therapie Bieten Sie vorbeugend genug Knabbermaterial an, damit sich die Zähne abnutzen können. Kontrollieren Sie den Zustand des Gebisses vor allem bei älteren Tieren regelmäßig. Überlange Nagezähne müssen gekürzt werden.

Wunden und Verletzungen

Ursachen Bisse beim Streit mit Artgenossen, Bein- und Kieferbrüche nach Stürzen, Quetschungen (zum Beispiel am Schwanz), Schürfwunden.

Symptome Wenn Bisswunden sich entzünden und Abszesse bilden, fühlt sich die Ratte sichtlich unwohl und hat Schmerzen. Noch schmerzhafter sind Verletzungen am Schwanz (Bruch oder Quetschung). Bei einem Beinbruch kann das verletzte Glied nicht mehr belastet werden oder wird nachgezogen.

Therapie Wunden und Verletzungen müssen vom Tierarzt versorgt werden – auch scheinbar harmlose Bisswunden. Ein Sturz kann innere Verletzungen zur Folge haben, die erst bei eingehender Untersuchung festgestellt werden.

Die Pflege kranker Ratten

Im Krankheitsfall ist der Tierarzt die richtige Anlaufstelle. Mit diesen Maßnahmen unterstützen Sie die Therapie:

- Bei ansteckenden Krankheiten die befallenen Tiere immer getrennt halten.
- Auf die richtige Zimmertemperatur und Luftfeuchtigkeit achten; Zugluft unbedingt vermeiden.
- Wärmelampe nach Rücksprache mit dem Tierarzt einsetzen.
- Flüssigmedizin und Nährlösung mit Einwegspritze ohne Kanüle oder Pipette seitlich in den Mund träufeln.
- Diätmaßnahmen nur auf Anweisung des Tierarztes einleiten.

TIPP

Medizin richtig verabreichen

Geben Sie Medikamente nur nach Anweisung des Tierarztes und täglich zur gleichen Zeit. Tabletten werden mit Brei vermischt oder zu Pulver verrieben, Tropfen in den Mund geträufelt. Bei Antibiotika dürfen meist keine Milchprodukte gefüttert werden. Wichtig: Verwenden Sie nie Arzneimittel aus der Humanmedizin.

Auch bei engem Kontakt ist das Risiko gering, sich bei im Haus gehaltenen Ratten zu infizieren.

Alternative Medizin

Naturheilverfahren wie Homöopathie und Bach-Blüten-Therapie sollen die Selbstheilungskräfte des Organismus aktivieren. Sie bewähren sich seit Langem auch bei Tieren. Wann eine Behandlung sinnvoll und erfolgversprechend ist, entscheidet der Tierarzt oder Heilpraktiker.

Homöopathie Homöopathische Mittel gibt es in Tropfenform, als Kügelchen und Pulver. Für die Behandlung von Ratten eignen sich die Streukügelchen (Globuli) besonders, weil sie sich leicht dosieren lassen und gut schmecken.

Bach-Blüten-Therapie Basis der von dem englischen Arzt Dr. Edward Bach entwickelten Therapie sind 38 Mittel, die aus Natursubstanzen gewonnen werden und bei Verhaltensproblemen wie Aggressivität, Stress, Unruhe oder Angst eingesetzt werden.

Gesundheitsrisiko Ratte?

Das Risiko, sich bei einer als Heimtier gehaltenen Ratte zu infizieren, ist sehr gering. Fälle von Rattenbissfieber, der wichtigsten auf den Menschen übertragbaren Krankheit (→ Seite 91), sind selten, und die Infektion kann mit Antibiotika wirksam bekämpft werden. Im Umgang mit Ratten gilt wie auch bei anderen Heimtieren: Achten Sie auf sorgfältige Pflege und penible Sauberkeit (besonders im Käfig), und waschen Sie sich nach jedem Kontakt die Hände. Erklären Sie Ihren Kindern, dass Ratten nicht ins Bett gehören und dass man sie gerne streicheln darf, ihnen aber keine Küsschen gibt.

Fragen zu
Pflege und Gesundheit

? **Weil ich mir im Urlaub keine Sorgen um meine Ratten machen will, habe ich einen erfahrenen Tiersitter mit der Betreuung beauftragt. Welche Absprachen muss man für den Fall treffen, dass in dieser Zeit etwas schiefläuft oder ein Tier ernsthaft krank wird?**

Damit es bei Zweifelsfällen später weder Missverständnisse noch Ärger zwischen Ihnen und dem Pfleger gibt, sollten Sie die Vereinbarung über die Urlaubsbetreuung unbedingt schriftlich festhalten. Das hat nichts mit Misstrauen zu tun, sondern sichert beide Seiten ab. Bei Mietverträgen verwendet man in der Regel Formverträge, die alles Wesentliche berücksichtigen und so Klarheit schaffen. Ganz ähnlich konzipiert sind auch »Urlaubspflegeverträge«, wie Sie sie auf den Internetseiten verschiedener Ratten- und anderer Heimtiervereine finden und ausdrucken können (→ Adressen, Seite 141).

? **Unsere Zwillinge und ihre Ratten sind ein Herz und eine Seele und schmusen ständig miteinander. Können die Kinder durch die Tiere krank werden?**

Für den Umgang mit Ratten gilt das Gleiche wie für alle anderen Heimtiere: Wenn die wichtigsten Grundregeln beachtet werden, müssen Sie sich keine Sorgen machen. Schmusen und Knuddeln sind erlaubt, Ablecken lassen und Küsschen geben nicht. Im Bett der Kinder haben Ratten nichts verloren, und dass man sich nach jedem Kontakt mit den Tieren sowie nach dem Hantieren im Käfig die Hände wäscht, versteht sich von selbst.

? **Ich kontrolliere täglich, ob meine Ratten gut fressen, sich normal verhalten und am Rudelleben teilnehmen. Reicht das als Gesundheitsvorsorge aus?**

Der tägliche Gesundheitscheck ist wichtig, einmal pro Woche sollten Sie Ihre Tiere jedoch unbedingt gründlicher untersuchen. Dazu gehören das Abtasten des Körpers auf Knoten und andere Verdickungen; die Untersuchung von Haut und Haarkleid auf Kahlstellen, Haarausfall, Geschwüre und Wunden (am besten streichen Sie dazu gegen den Strich übers Fell); die Kontrolle von Augen, Ohren, Nagezähnen (sind sie genügend abgewetzt?) und After. Unverzichtbar ist auch die Überprüfung des Gewichts. Hat das Tier abgenommen, ist das in vielen Fällen ein erstes Krankheitssymptom.

? **Ob die Nagezähne in Ordnung sind, kann ich leicht prüfen. Wie sieht es aber mit den Backenzähnen aus? Gibt es da keine Probleme?**

Da die Backenzähne der Ratte nicht wie ihre Nagezähne ständig nachwachsen und weniger stark belastet werden, machen sie auch nur selten Schwierigkeiten. Entzündungen bleiben leider oft lange unentdeckt,

nicht selten sogar, bis der Kiefer angegriffen ist. Die rechtzeitige Behandlung beim Tierarzt ist hier besonders wichtig. Wenn eine Ratte das Futter verweigert und zusehends abmagert, sollten Sie immer auch an die Backenzähne denken.

? Beim Schneiden der Krallen halten meine Ratten nur selten still und zucken oft im entscheidenden Moment zurück – und schon habe ich ein Blutgefäß getroffen. Lässt sich die leidige Prozedur nicht vermeiden?

Wenn die Krallen beim Laufen und Klettern genügend abgenutzt werden, müssen sie meist gar nicht oder nur sehr selten gekürzt werden. Ein flacher Stein mit rauer Oberfläche leistet dafür gute Dienste: Platzieren Sie ihn auf einem »Hauptverkehrsweg« im Käfig. Derbe Balancier- und Kletterseile (etwa aus Sisal) halten die Krallen ebenfalls kurz. Bei kranken und sehr alten Tieren, die sich nur wenig

bewegen, kommen Sie allerdings ums Krallenschneiden nicht herum. Am besten geht es zu zweit: eine Person fixiert Fuß und Zehe, die zweite setzt vorsichtig Nagelclip oder -schere an.

? Eine meiner Ratten ist ein Albino. Sie pendelt immer wieder mit dem Kopf hin und her, was ich bei ihren Artgenossen nie beobachtet habe. Ist sie krank, oder leidet sie an einer Verhaltensstörung?

Weder noch. Den Albinos fehlen nicht nur die Farbpigmente im Fell, sondern auch in den Augen. Sie sind rot, weil die Blutgefäße im Augenhintergrund durchschimmern. Die Rotäugigkeit ist mit einer geringeren Sehschärfe gekoppelt. Um sie auszugleichen, pendeln Albinos mit dem Kopf, weil sie Objekte so besser fixieren können. Ihre Augen sind darüber hinaus sehr lichtempfindlich und dürfen nie grellem Licht ausgesetzt werden, wie zum Beispiel Spotstrahlern.

? Warum fressen die Ratten immer nur ein paar Häppchen, wenn sie zum Futternapf gehen?

Das hat drei Gründe: Zum einen ist der Rattenmagen naturgemäß klein und kann nur wenig Nahrung aufnehmen. Zum anderen gibt es im Rudel nur selten Futterneid, sodass man sich mit dem Fressen nicht beeilen muss. Und da der Tisch für die Käfigbewohner – anders als bei den wilden Verwandten – stets reichlich gedeckt ist, muss sich auch niemand Sorgen ums Essen machen.

? Sollte man eine kranke Ratte in jedem Fall von der restlichen Gruppe trennen?

Unumgänglich ist die getrennte Haltung bei einer ansteckenden Krankheit, damit die anderen Tiere nicht infiziert werden. Sinnvoll ist ein Einzelkäfig auch für kranke und geschwächte Tiere, denen der Tierarzt Diät verordnet hat oder die regelmäßig Medizin oder Bestrahlungen brauchen.

Lernen, spielen und beschäftigen

Müßiggang ist für Ratten fast so schlimm wie falsches Futter.
Ein Käfig, in dem sie auf Entdeckungsreise gehen und sich nach
Herzenslust austoben können, ist genau nach ihrem Geschmack.

Akrobaten, Entdecker und Wühlmäuse

Ratten sind auf alles und jeden neugierig, rund um die Uhr in Bewegung und langweilen sich, wenn es nichts zu tun gibt. Nur wenn sie sich regelmäßig beschäftigen und viel spielen können, bleiben die intelligenten Nager fit und gesund.

VOLLDAMPF VORAUS Natürlich müssen auch Ratten schlafen. Aber wenn sie wach sind, geht meist die Post ab: Eine gesunde Ratte sitzt selten still. Sie ist immer auf Achse, erprobt ihre Fitness und Körperbeherrschung am Kletterseil und beim Balancieren. Sie wühlt mit Eifer in Einstreu und Buddelkiste, steckt ihr Näschen neugierig in jede dunkle Ecke und wartet schon ungeduldig am Gitter, bis sich die Käfigtür öffnet und sie endlich zu einer aufregenden Erkundungstour ins Abenteuerland eingeladen wird.

Das Erbe der Vorfahren

Für wilde Ratten sind Mobilität und Betriebsamkeit ebenso wie die ausgeprägte Neugier kein Selbstzweck, sondern wesentliche Elemente der Lebens- und Überlebensstrategie. Die Nager haben viele Feinde und Konkurrenten. Und das verlangt bei der Kontrolle und Verteidigung des eigenen Bezirks die ständige Präsenz und Aufmerksamkeit des Rudels. Das Gleiche gilt für die oft langwierige und mühsame Suche nach geeigneten Futterquellen und die nicht immer ungefährliche Sondierung unbekannten Terrains. Dieses Erbe ist bei den Heimtierratten ungebrochen, selbst wenn sie nicht ständig ihr Revier abgrenzen oder auf Futtersuche gehen müssen. Darüber hinaus lässt sich bei den zahmen Ratten ein spielerisches Verhalten beobachten, das bei den wilden Verwandten weniger ausgeprägt ist. Und ungewöhnlich genug in der Tierwelt: Die Lust am Spiel hört mit dem Erwachsenwerden nicht auf.

Köpfchen gefragt

Beim Blick in die dunklen Knopfaugen einer Ratte hat man oft den Eindruck, als könnte ihnen nichts entgehen – was keine Frage der Sehschärfe ist. Und dass

Topfgucker: Das dunkle Innere des Keramiktopfs wird eingehend untersucht. Dann kann man sich hier wunderbar verstecken und alles beobachten, ohne selbst gesehen zu werden.

Hauptsache, es tut sich was

▶ **1** **Kneipp-Kur** Fast alle Ratten lieben Wasser. Das Fußbad im Badebecken kann man gut mit der Ganzkörperwäsche verbinden (rechts).

▶ **2** **Balanceakt** Die Ausgleichsbewegungen des Schwanzes sorgen dafür, dass der Lauf über den Zweig nicht mit einem Absturz endet (Mitte).

▶ **3** **Auf dem Holzweg** Spielzeug aus naturbelassenem Massivholz ist stabil, frei von Farb- und Giftstoffen und ohne scharfe Ecken und Kanten (ganz rechts).

diese Vermutung der Realität ziemlich nahe kommt, stellen Ratten oft genug selbst unter Beweis: beim Lösen kniffliger Aufgaben. Dabei verlassen sich die Nager sowohl auf die Fähigkeit, die Gegebenheiten eines Ortes genau abzuspeichern, als auch auf ihren großartigen Orientierungssinn. Was sie nicht zuletzt zu den wahren Champions im Labyrinth macht.

Spielzeit

Nur wer mit allen Sinnen bei der Sache ist, hat auch Spaß daran. Fordern Sie die Käfigtruppe während ihrer Aktivitätsphasen am Morgen und am Abend zum Spielen auf. Ein Rattenmensch mit Feingefühl stört seine Tiere nie beim Fressen, bei der Körperpflege oder während der Schlummerstunde. Nicht wenigen Ratten, die ihren Menschen fest ins Herz geschlossen haben, ist allerdings die gemeinsame Spiel- und Schmusezeit viel wichtiger als ihre Siesta, und sie krabbeln bereitwillig aus dem Schlafhäuschen, sobald er ins Zimmer kommt.

Verstecken und Suchen

Dunkle Ecken, Schlupflöcher, Höhlen und Röhren ziehen Ratten magisch an. Sie bieten Sicherheit und Schutz, von hier können sie die Umgebung im Auge behalten, ohne selbst gesehen zu werden. Und vielleicht findet sich ja sogar noch etwas Essbares.

Alles, was Ratten neugierig macht und in das sie ihre Nase stecken, eignet sich für Versteck- und Suchspiele: Kistchen, Kartons, Taschen, Papp- oder Tonröhren. Überreden müssen Sie Ihre Nager dazu nicht; ein am Ziel deponierter kleiner Leckerbissen ist Ansporn genug. Probieren Sie es einfach einmal beim Auslauf aus: In ihrem Käfig kennen die Ratten alle Ecken und Winkel und spüren auch schwierige Verstecke schnell auf. Mehr Köpfchen erfordert die Suche außerhalb des Käfigs. Am besten versuchen Sie es erst nur mit zwei oder drei Tieren, damit Sie nicht auch noch nach verschwundenen Freigängern fahnden müssen.

▸ Legen Sie eine Belohnung in eine offene Box, die gerade so hoch ist, dass die Ratte mit dem Kopf über den Rand schauen kann, wenn sie Männchen macht.

▸ Stellen Sie drei offene, möglichst unterschiedliche Boxen nebeneinander. Die Belohnung liegt nur in einer davon (→ Farbentest, Seite 20).

▸ Wiederholen Sie den vorangegangenen Test. Vertauschen Sie aber nach den ersten erfolgreichen Läufen die Position der Boxen.

▸ Verstecken Sie Leckerbissen zwischen den Papierschnitzeln in der Buddelkiste. Dann dürfen mehrere Mitspieler gleichzeitig suchen.

▸ Für Langzeitspaß sorgt ein Turm mit mehreren Etagen und vielen Luken und Löchern zum Durchschlüpfen. Auch hier können Sie die Nager auf eine Leckerbissen-Safari schicken.

▸ Aufregende Suchspiele gibt es in Labyrinthen aus einzelnen Segmenten, die sich zu immer neuen Irrgärten zusammensetzen lassen (→ Seite 104).

Das richtige Training für Klettermaxe

Obwohl Heimtierratten von den überwiegend bodenständigen Wanderratten abstammen, sind sie doch begnadete und begeisterte Kletterer. Da aber auch Kletterkünstler manchmal daneben greifen, müssen Hängematten und Netze dort vor dem Absturz schützen, wo man besonders tief fallen kann.

TIPP

Limited Edition

Bieten Sie Ihren Ratten bestimmte Spielgeräte und Spielsachen nur für begrenzte Zeit oder während des Auslaufs an. Das kann ein neues Tunnelsystem sein, ein ungewöhnlich gestalteter Kletterturm, aber auch einfach nur ein anderer Ball. Das limitierte Vergnügen sorgt fast immer für helle Begeisterung.

ELTERN-EXTRA

Spielregeln erhalten die Freundschaft

Ratten sind für fast jeden Spaß und jedes Abenteuer zu haben und entdecken schnell ihr Herz für Kinder, die sich intensiv mit ihnen beschäftigen und liebevoll mit ihnen umgehen. Und wenn beide Seiten die wichtigsten Spielregeln beachten, entwickelt sich daraus eine Freundschaft für lange Zeit.

SPIELPARTNER MIT WITZ UND INTELLIGENZ
Für Kinder ist Spielen das Leben. Im Spiel entdecken sie ihre Welt, ihre Begabungen und ihre Vorlieben. Kinder brauchen Spielzeug. Aber wie soll es gegen hellwache und gewitzte Spielpartner bestehen, die sie auf ihren Entdeckungsreisen begleiten, ihre Fantasie immer wieder aufs Neue anregen, sie verblüffen und zum Lachen bringen?

Ansprüche respektieren

Spielsachen kann man lieblos behandeln und in die Ecke stellen, wenn das Spielen keinen mehr Spaß macht. Auf Spielgefährten muss man Rücksicht nehmen – auf kleine und sensible Vierbeiner ganz besonders. Das Verständnis für die Ansprüche der Tiere ist Grundvoraussetzung für die Erlaubnis zum gemeinsamen Spiel.

Verhalten verstehen

Wer miteinander spielt, muss den anderen verstehen und wissen, was er will: Hat er Lust zum Spielen, oder möchte er lieber seiner eigenen Wege gehen? Ist er verunsichert oder gar ängstlich? Es ist die Aufgabe der Eltern, ihren Kindern die wichtigsten Reaktionen und Verhaltensweisen der Ratte zu erklären und ihnen den richtigen Umgang mit den Nagern zu zeigen (→ Seite 56).

Vertrauen gewinnen

Ratten haben ein großes Herz. Sie sind offen für Beziehungen und immer neugierig auf Neues. Es fällt nicht schwer, ihr Vertrauen zu erringen. Aber man darf sie auch nicht enttäuschen, denn einen Vertrauensbruch vergessen sie nur schwer.

Spielregeln beachten

So macht spielen Kindern und Ratten Spaß:
› Ratten nicht zum Spiel auffordern, wenn sie schläfrig sind oder gerade fressen.
› In vertrauter Umgebung und nur mit zwei oder drei Tieren gleichzeitig spielen.
› Einfache Spiele wählen (mit Bällen spielen, kleine Gegenstände verstecken (zum Beispiel in der Buddelkiste), klettern und balancieren (Futter am Ziel deponieren). Sichern Sie den Spielplatz vorher mit Fangnetz oder Hängematte, um Abstürze zu verhindern.
› Spielstopp: Spielziele sind nur ein Anreiz, sie müssen nicht erreicht werden. Pause machen oder das Spiel beenden, wenn die Nager keine Lust mehr haben oder müde sind. Speziell junge und ältere Ratten sollten nur zu kurzen Spielen animiert werden.
› Augen auf: Besondere Vorsicht gilt beim Spiel auf dem Fußboden, damit man nicht aus Versehen auf ein Tier tritt.

Ein Kletterbaum für alle Fälle In vielen Käfigen ist der Kletterbaum der Mittelpunkt des Rattenlebens und gleichsam das Multifunktionsgerät der tausend Möglichkeiten – mit Sitzwarten, Schlafhäuschen, Kletter- und Querseilen sowie Verbindungen zu allen Stockwerken. Um den Stamm gewickelte Sisal- oder Hanfseile erleichtern älteren Semestern den Auf- und Abstieg. Ein Fressnapf auf einer Plattform verschmutzt nicht so schnell wie am Boden. Ein Außenast ist der beste Platz, um sich vom hektischen Gruppenleben zurückzuziehen. Wichtig: stabiler Stand und sichere Befestigung.

Höhentraining mit Seil und Leiter Am Kletterseil herrscht oft reger Verkehr in beiden Richtungen: An einem derben Seil, das den Krallen Halt bietet (und sie gleichzeitig abnutzt), turnen und klettern Nager mit atemberaubender Behändigkeit. Auf dicken Knoten im Seil können sich die weniger athletischen Benutzer eine Atempause gönnen. Ein straff gespanntes, oben und unten befestigtes Seil macht es leicht, auch höhere Etagen zu erreichen. Sportliche Naturen bevorzugen frei hängende Seile, vielleicht gibt ihnen die Pendelbewegung den besonderen Kick – wie eine Schaukel.

Teststrecke für Balancekünstler Ratten besitzen ein hoch entwickeltes Gleichgewichtsgefühl und testen es bei jeder Gelegenheit. Querseile müssen daher gut befestigt und dürfen nicht zu dünn sein. Manche Hochseilartisten überschätzen ihre Fähigkeiten. Dann ist es gut, wenn ein Netz den freien Fall sanft bremst.

2 **Eine Blume für den Besten** Für Ratten sind die meisten Irrgärten eine leichte Übung. Spätestens beim zweiten oder dritten Testlauf hat man den Bogen raus. Schön, wenn es am Ausgang eine leckere Begrüßung gibt.

1 **Einfach paradiesisch** In diesem Haus der vielen Türen gibt es für die naseweisen Besucher in jedem Raum aufregend Neues zu entdecken und zu beschnuppern. Eigentlich ist das ein idealer Zweitwohnsitz.

2 Schreibhilfe Ob Computermaus oder Tastatur: Eine Ratte muss überall ihr vorwitziges Näschen reinstecken, wo sich etwas bewegt oder fremdartige Geräusche produziert.

1 Einladung zum Auslauf Der offenen Käfigklappe kann keine Ratte widerstehen, wenn es da draußen so viel zu entdecken gibt.

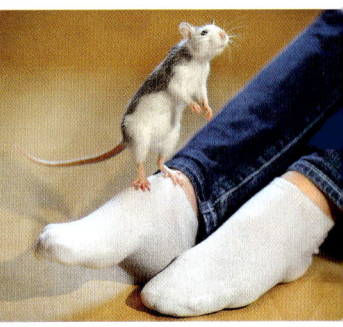

3 Vor dem Aufstieg Als Kletterbaum ist der Lieblingsmensch erste Wahl. Und kuscheln darf man bei ihm auch noch.

Ein Arbeitsplatz für »Wühlmäuse«

Wo immer gebuddelt und gewühlt werden kann, sind Ratten voller Begeisterung dabei. Das klappt in der Einstreu, viel schöner ist aber die eigene Buddelkiste. Sie können sie mit Zeitungs- oder Toilettenpapierfetzen füllen, mit Laub, Heu oder lockerem Sand. Im Eifer des Gefechts verteilt sich das Füllmaterial oft gleichmäßig in der Umgebung. Richtig auf Touren bringen Sie Ihre »Tiefbautruppe«, wenn Sie kleine Leckerbissen in der Kiste verstecken.

Planschen und Baden

Vor Wasser haben Ratten keine Scheu, darüber hinaus können sie exzellent schwimmen und tauchen. Da aber jede Ratte ganz eigene Vorlieben hat, gibt es neben waschechten Wasserratten auch Bademuffel, die sich ungern nass machen. Lassen Sie daher Ihre Tiere entscheiden, wer baden will und wer nicht.

- Badewanne Nr. 1: Planschbecken mit niedrigem Wasserstand. Die Ratten müssen sicher stehen können. Leiter oder Rampe für Ausstieg anbringen.
- Badewanne Nr. 2: größerer und höherer Behälter, Wassertiefe ca. 15 cm, für Tauchsportler geeignet. Kleine Sitzecke und Ausstieg vorsehen.
- Gebadet wird nur außerhalb des Käfigs, weil sonst die Streu nass wird.
- Gurken- oder Karottenscheiben im Wasser erhöhen den Spaß und bekehren sogar Bademuffel.
- Trocknen Sie die Ratten nach dem Bad ab, und schützen Sie sie unbedingt vor Zugluft.

Feuer und Flamme fürs Labyrinth

Wilde Wanderratten finden sich in lichtlosen Kellern, verwinkelter Kanalisation, auf Müllplätzen und in Abbruchhäusern bestens zurecht. Dass auch ihre Nachfahren den untrüglichen Orientierungssinn besitzen, beweisen sie im Labyrinth.

Training für Anfänger und Profis

Starten Sie die Testserie mit einem einfachen Labyrinth, und steigern Sie den Schwierigkeitsgrad, sobald die Spieler die Belohnung ohne Umweg ansteuern. Ratten orientieren sich mit Duftmarken. Säubern Sie das Gangsystem zwischen den Versuchen, um es nachfolgenden Testläufern nicht zu einfach zu machen.

▸ Labyrinth für Einsteiger: Einfacher Laufgang mit nur einer Weggabelung (Y-Labyrinth). Die Belohnung liegt am Ende eines Schenkels.
▸ Köpfchen gefragt: Gangsystem mit mehreren Verzweigungen und Sackgassen. Belohnung am Ausgang.
▸ Profis auf Tour: Komplexer Irrgarten mit vielen Verzweigungen, Sackgassen, Brücken, Hürden, Treppen, Tunnels, mit »Kreisverkehr« und einem zentralen Platz, von dem mehrere Wege abgehen. Belohnung im Zentrum.
▸ Falsche Fährte: Belohnung in einer Sackgasse deponieren.

Achten Sie bei Tunnels, Röhren und Unterführungen auf den Mindestdurchmesser, damit kräftig gebaute Tiere nicht stecken bleiben. Versehen Sie lange Röhren mit mehreren Ausstiegslöchern. Und vergessen Sie auch nicht: Ratten erkunden fremdes Terrain meist zu zweit oder dritt. In einem großen Labyrinth können gleich mehrere Tiere auf Tour gehen.

CHECKLISTE

Finger weg von diesem Spielzeug!

An diesen Spielgeräten können sich Ratten verletzen oder durch ungeeignete Materialien geschädigt werden.

○ Gitterlaufräder: Hohes Risiko, dass Beine, Füße oder Schwanz im offenen Gitter eingeklemmt oder abgequetscht werden.

○ Plastiklaufkugeln: Beim Laufen in der Kugel wird der Rücken stark belastet und nach außen überdehnt; darüber hinaus ist der Luftaustausch ungenügend.

○ Weichplastik: Wird angeknabbert, kann beim Verschlucken die Luftröhre blockieren und zum Ersticken führen.

○ Hamster- und Haushaltswatte: In der Watte verhaken sich die Zehen und Krallen; hohes Verletzungsrisiko.

○ Sitzstangen mit Innendraht: Verletzungsrisiko, wenn die Stange angeknabbert wird und der Draht frei liegt.

○ Gitterbälle (Food Balls): Beinverletzungen beim Versuch, ans Futter zu kommen (bei Metall- und Kunststoffmodellen).

○ Wollknäuel: Verhaken der Krallen

○ Plastiklaufröhren: In den glatten Röhren finden die Füße keinen Halt.

○ Spielzeug aus Nadelbaumholz: Für Ratten ungeeignet, da es stark harzhaltig ist.

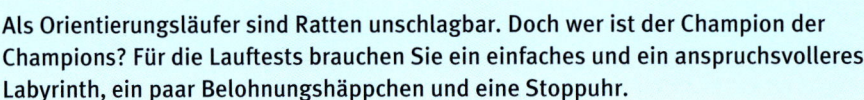

MEIN HEIMTIER

Wer hat im Labyrinth die Nase vorn?

Als Orientierungsläufer sind Ratten unschlagbar. Doch wer ist der Champion der Champions? Für die Lauftests brauchen Sie ein einfaches und ein anspruchsvolleres Labyrinth, ein paar Belohnungshäppchen und eine Stoppuhr.

Der Test beginnt:

○ Einfaches Y-Labyrinth mit nur einer Weggabelung. Die Belohnung liegt am Ausgang eines Schenkels. Welche Ratte schafft als Erste drei richtige Läufe in Folge?

○ Y-Labyrinth mit offenem und geschlossenem Schenkel. Futter im geschlossenen Schenkel. Wer schnappt sich die Belohnung und findet danach den Ausgang am schnellsten (Stoppuhr)?

○ Großes Labyrinth. Wie zweiter Versuch, Belohnung hier aber im Zentrum. Zeit stoppen.

Mein Testergebnis:

Labyrinth im Eigenbau

Auch ohne handwerkliches Geschick können Sie das Rattenlabyrinth selbst bauen und so in Größe und Gestaltung den eigenen Vorstellungen anpassen.

▸ Material: Praxisgerecht sind Holz und Kunststoff, Gänge aus Karton oder Pappe müssen häufig ersetzt werden.

▸ Sauber halten: Alle Teilstücke des Laufsystems sollten zumindest feucht abwischbar, die im Käfig installierten Elemente gut erreichbar sein.

▸ Immer wieder neu: Besser als ein fest verbundenes Labyrinth ist ein Baukastensystem aus Einzelteilen, die sich problemlos demontieren und in verschiedenen Varianten immer wieder neu zusammenstecken lassen. Das sorgt für dauerhaften Spielanreiz.

▸ 3D-System: Ratten wollen immer hoch hinaus. Ein Labyrinth, in dem es bergauf und bergab geht, vielleicht sogar über mehrere Etagen, garantiert tierischen Spaß. Als neue Elemente kommen Treppen, Rampen, Kamine und schräg verlaufende Steigröhren (beide mit Aufstiegshilfen) dazu.

▸ Ungeeignet: Hamsterröhren – an den Steigungen der glatten Röhren finden Füße und Krallen keinen Halt.

▸ Verwenden Sie keine Klebstoffe mit Lösungsmitteln, die aggressive Stoffe freisetzen und die Atemwege der Tiere schädigen können.

▸ Wer ungern bastelt: Im Zoofachhandel und Internet gibt es Fertigmodelle. Achten Sie auf eine stabile Ausführung ohne scharfe Kanten.

Spielspaß für Schlaumeier

Mit diesen Spielen testen Sie, ob Ihre naseweisen Nager neben Fitness und Geschick auch das Köpfchen einsetzen.

▸ Schüssel-Test: Ein Leckerbissen liegt unter einer leichten Schüssel aus Klarsichtkunststoff (Öffnung nach unten). Die Ratte sieht ihn, kommt aber nur heran, wenn sie die Schüssel umkippt. Ein Klötzchen unter dem Schüsselrand sorgt für einen Spalt, unter den sie ihre Pfote schieben kann.

▸ Knack das Ei: Ein hart gekochtes Hühnerei widersteht den Nagerzähnen. Kommt eine Ihrer Ratten auf die Idee, das Ei an einen erhöhten Punkt zu rollen, um es dann in die Tiefe zu schubsen, damit die Schale platzt?

▸ Angeln im Karton: Legen Sie einen verführerisch riechenden Leckerbissen in einen geschlossenen Pappkarton mit mehreren kleinen Löchern. Welche Mitspielerin knabbert als Erste so lange an einem Loch, bis sie den Snack mit der Pfote angeln oder sogar selbst in den Karton kriechen kann?

Zurück in den Käfig

Der Auslauf ist für die Käfigbewohner der Höhepunkt des Tages. Diese Spielangebote sorgen für Begeisterung:

▸ Mobiles Kletterparadies: Standfest verankerter Kletterbaum mit Häuschen, Plattformen, Kletterseilen und Schaukel. Das i-Tüpfelchen sind die am Baum hängenden Leckerbissen.

▸ Fitnesscenter: Rattenturm mit Aussichtsplattform und vielen Ein- und Ausstiegsöffnungen. Die Schlängeltour von Etage zu Etage verlangt viel Geschick. Innen können die Ratten Siesta halten.

▸ Labyrinth: Im Zimmer ist Platz für große und komplizierte Irrgärten. Allerdings müssen Sie nach dem Auslauf wieder alles abbauen.

▸ Ausflug ins Unbekannte: Erkundungstouren in Bücherregalen und auf Schränken nur unter Ihrer Aufsicht.

▸ Zurück in den Käfig: Beim Auslauf bleibt die Käfigtür offen, damit die Ratten von selbst zurückkehren können. Treppe oder Leiter erleichtern den Einstieg. Ein Leckerbissen in der Tür sorgt anfangs dafür, dass die Heimkehr ein positives Erlebnis ist.

Mehrparteien-Wohnanlage mit Aussichtsplattformen, mehreren Stockwerken und großer Rampe.
▾

▶ Deserteure überlisten: Locken Sie eine entwischte Ratte mit Futter aus dem Versteck und lassen sie auf die offene Hand klettern. Macht sie nicht mit, halten Sie ihr ein kurzes Papp- oder Tonrohr vor die Nase und helfen mit sanftem Druck aufs Hinterteil etwas nach, falls sie nicht freiwillig hineinkriecht. Packen Sie eine Ratte niemals im Genick oder am Schwanz.

Ein Laufrad für Ratten?

Die meisten handelsüblichen Laufräder sind für Ratten ungeeignet: Der Raddurchmesser ist fast immer so klein, dass der Rücken beim Laufen stark gekrümmt und übermäßig belastet wird. Alle Gitterkonstruktionen sind brandgefährlich, weil in ihnen Beine und Schwanz hängen bleiben und brechen können oder abgequetscht werden. Diese Anforderungen muss ein Laufrad für Ratten erfüllen: sehr großer Rad-

WUSSTEN SIE SCHON, DASS …

… große Sprünge für Ratten riskant sind?

Ratten sind dämmerungs- und nachtaktiv. Sehschärfe ist da weniger wichtig. Da die Nager darüber hinaus nur ein sehr begrenztes räumliches Sehvermögen haben, können sie entfernte Objekte nicht richtig erkennen und Distanzen nur ungenau abschätzen. Bei weiten Sprüngen kann das zu bösen Stürzen führen. Achten Sie daher beim Einrichten des Käfigs darauf, dass die umtriebigen Bewohner nicht zu großen Sprüngen animiert werden.

Kein Streit ums Spielzeug

Zwei Nippeltränken, zwei Futternäpfe und mehrere Häuschen sind im Rattenkäfig obligatorisch. Bei vier oder mehr Bewohnern sollten aber auch besonders beliebte Spielgeräte im Doppelpack vorhanden sein. Objekt der Begierde ist dabei vor allem die Schaukel, die von so mancher Schlafmütze auch als Hängematte missbraucht wird. Mit einer zweiten Schaukel vermeiden Sie Zoff und geben auch den Schwächeren die Chance auf ein ungebremstes Spielvergnügen.

durchmesser (35–40 cm), komplett geschlossene Lauffläche (zum Beispiel aus Holz) zum Schutz vor Beinverletzungen, leiser und leichter Lauf auf wartungsfreien Kugellagern.

Zwangsläufig bedingt die Größe der Lauftrommel noch größere Außenmaße. Nur in seltenen Fällen bietet der Käfig genug Platz für ein derartiges Riesenrad. Als Trimm-dich-Angebot während des Auslaufs stößt es aber sicherlich auf Gegenliebe – selbst wenn nicht alle Ratten so überzeugte Laufradanhänger sind wie etwa Goldhamster.

Ratten wissen, was gut für sie ist und dass
Spielen Leib und Seele zusammenhält. Getreu
dem Motto: Nur eine aktive Ratte ist eine gesunde Ratte.

Der Stoff, aus dem gutes Spielzeug ist

Das sind die richtigen Materialien für Spiel- und Turngeräte:

Holz Muss unbehandelt, folienbeschichtet oder wasserfest und mit giftfreier Farbe lackiert sein. Unbehandeltes Holz regelmäßig unter heißem Wasser oder Essigwasser abbürsten.

Kunststoff Hartplastik und Plexiglas lassen sich leicht sauber halten. Glatter Kunststoff ist als Lauffläche (zum Beispiel in einem Labyrinth) ungeeignet. Erstickungsgefahr: Weichplastik kann angeknabbert und verschluckt werden.

Kork Sehr leichter Werkstoff, im Käfig installierte Objekte müssen gut befestigt oder beschwert werden. Unbehandelter Kork kann gefahrlos beknabbert werden.

Stein Natursteine, Gasbeton und Ytong sind gute Laufflächen. Die raue Oberfläche des Steins gibt den Krallen Halt und nutzt sie gleichzeitig ab.

Keramik Ton- und Keramikröhren, die sich für den Rattenkäfig eignen, gibt es in jedem Baumarkt. Das schwere Material muss sicher befestigt werden.

Wellpappe Aus Karton und Wellpappe lassen sich im Handumdrehen Tunnels, Häuser, Laufgänge und Rampen basteln. Nachteil: Pappe saugt sich schnell mit Feuchtigkeit und Harn voll und muss in kurzen Abständen ersetzt werden.

Papier Papiertaschentücher, Zeitungs- und Toilettenpapier eignen sich für die Buddelkiste, fürs Häuschen und zum Verpacken von »Überraschungen«.

Sand Vogelsand und Erde sind der richtige Stoff für grabwütige Nager. Möglichst nur außerhalb des Käfigs anbieten.

Textilien Leinen, Baumwolle und Jeansstoffe sind ideal für Hängematte und Schaukel. Waschen Sie neue Textilien, um die Imprägnierung zu entfernen. Vorsicht: Frotteetücher sind wegen des Schlingengewebes Fußfallen, in denen sich die Krallen leicht verhaken können.

Alles, was sich bewegt

Hauptsache, es rollt oder hüpft: Dann sind Ratten sofort am Ball. Ideal sind Gummi-, Plastik- und Holzbälle, Nüsse, Garnrollen und Würfel. Verboten sind Gitterbälle und Wollknäuel.

Wo ist was los? Eine gesunde Ratte ist immer aktiv und liebt Jobs, Sport und Spiele.

Noch mehr Spielspaß

Wenn es was zu erleben gibt, sind Ratten sofort dabei, schrecken auch vor ungewöhnlichen Herausforderungen nicht zurück und begeistern sich für jedes Spiel – vor allem, wenn ihr Besitzer mitmacht.

Hürdentraining für Spitzensportler

Der Sprint über die Hürden stellt für einen wieselflinken und selbstbewussten Nager kein Problem dar. Beginnen Sie zunächst mit zwei oder drei 3–4 cm hohen Hürden. Bauen Sie die Strecke so auf, dass die Hürden weder unter- noch umlaufen werden können (beispielsweise mit Kartonwänden als seitlicher Begrenzung). Am Ziel wartet ein Leckerbissen. Vergrößern Sie mit der Zeit die Distanz, und stellen Sie mehr und höhere Hürden auf. Für Fortgeschrittene: Kombinationslauf über Hürden und durch Röhren oder Unterführungen.

Freistilringen

Knuddelspiele mit dem Menschen sind bei vielen Ratten beliebt. Stupsen Sie Ihre Mitspielerin mit dem Finger an, drehen Sie sie am Hinterteil zur Seite oder trommeln ihr sanft (!) auf den Bauch. Leise und zärtliche Lockrufe bekräftigen den spielerischen Charakter. Sie wird begeistert mitmachen und sich geschickt zur Wehr setzen. Legen Sie eine Pause ein, oder beenden Sie das Spiel, wenn es zu ruppig und wild zugeht oder die Ratte ihre Zähne einsetzt. Spielen Sie immer nur mit einem Tier. Wichtig: Für Kinder ist dieses Spiel absolut tabu.

Auf Sightseeing-Tour

Es gibt nichts Aufregenderes für Ratten, als die große Welt zu erkunden. Und am schönsten ist es dabei auf der Schulter oder in der Brusttasche des Menschen. Mit auf Tour gehen dürfen aber nur absolut handzahme Tiere, und selbst dann sollte der Ausflug auf bekanntes und sicheres Terrain beschränkt bleiben. Nehmen Sie nie eine Ratte zum Einkaufen oder Stadtbummel mit. Auch abgebrühte Naturen können in unübersichtlichen Situationen in Panik geraten, herunterfallen und sich verletzen – oder sogar weglaufen. Darüber hinaus schürt eine Konfrontation mit Menschen, die sich vor Ratten fürchten oder ekeln, alte Vorurteile und ist wenig geeignet, das Image der Nager zu verbessern.

Zeit zum Kuscheln

Die Streichelstunde mit dem vertrauten Menschen ist für die meisten Ratten Wellness pur. Es gibt allerdings individuelle Unterschiede: Manche Schmusebärchen können so aufdringlich werden, dass man sie sich kaum vom Leib halten kann. Andere finden Kuscheln doof und bleiben lieber auf Distanz.

Ein Herz für Oldies

Bei älteren Tieren lassen Mobilität und Kraft nach, sie bewegen sich unsicherer und kommen schneller aus der Puste.

▶ Rampen mit Querleisten geben den Krallen Halt und erleichtern alten und geschwächten Tieren den Aufstieg. Seniorengerecht sind breite Treppen mit griffigem Belag und Geländer.
▶ Auf Sitzknoten in den Kletterseilen können die Tiere Pause machen.
▶ Auf flach stehenden Leitern kommen sie kräfteschonend nach oben.
▶ Sicherheitsnetze unter Laufstegen und Querseilen verhindern Abstürze.
▶ Zusätzliche Häuschen und Ruheplätze bieten Schutz vor der wilden Jugend.

1 **Aussichtsplattform** Von der obersten Etage des Katzenkratzbaums haben die Freigänger den besten Überblick. Mit einem Fangnetz unter dem Hochsitz schützt man die Akrobaten vor dem Absturz.

Begegnung der anderen Art Dicke Freunde werden Ratten und Katzen nur sehr selten. Beim gegenseitigen Beschnuppern ist immer der Mensch dabei, um im Notfall sofort eingreifen zu können. **2**

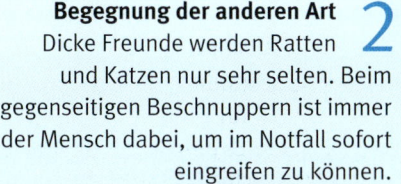

3 **Inspektionstour** Was gibt es Schöneres, als die ganze Wohnung zu erkunden? Dem Halter bringt der unkontrollierte Auslauf aber schnell Probleme, wenn seine Freigänger sich nicht mehr blicken lassen.

Traumdomizil Eine eigene Wohnung in der mit herrlich weicher Wäsche gefüllten Schublade. Und weit und breit kein Artgenosse, der einem das Vergnügen streitig macht. Wer hier freiwillig auszieht, ist selbst schuld. **4**

Fragen zu
Spiel und Beschäftigung

? **Unsere drei Schlaumeier flitzen im Eiltempo durchs Labyrinth und schnappen sich die Belohnung. Wie mache ich das Spiel interessanter?**
Wenn sich am Labyrinthaufbau nichts ändert, haben die Orientierungskünstler leichtes Spiel. Stellen Sie das ganze Labyrinth doch einmal spiegelverkehrt auf: Alles, was auf der rechten Seite war, kommt nach links – und umgekehrt. Sinn macht das natürlich nur bei einem komplexen Aufbau, nicht bei einfachen Y-Formen. Variante 2: Die Ratten werden durch einen intensiven Geruch (etwa Käse) abgelenkt. Die Duftquelle befindet sich außerhalb des Labyrinths und genau entgegengesetzt von Ziel und Belohnung.

? **Meine Ratten lieben die Wippe. Warum soll das so gefährlich sein?**
Nicht alle Wippen stellen ein Risiko dar. Bei Modellen mit niedrigem Mittelträger ist die Verletzungsgefahr gering. Ganz anders aber bei hohen Wippen, deren Brett weit nach oben schwingt und danach mit sehr viel Schwung auf dem Boden aufschlägt. Hält die Ratte Beine oder Schwanz in diesem Moment unters Brett, sind Quetschungen oder gar Brüche die Folge.

? **Spielen heißt für unsere Rattendamen: zuerst einmal alle beweglichen Objekte ins Versteck bringen. Wie gewöhne ich ihnen das ab?**
Vorräte anzulegen ist den Nagern in die Wiege gelegt; man weiß ja nie, ob es morgen noch etwas zu futtern gibt. Deshalb verstecken sie auch Spielzeug, das sich beknabbern lässt. Fördern Sie den Spieltrieb mit Gummi- und Plastikbällen, die nur selten verschleppt werden; große Bälle lassen sich nicht mit den Zähnen packen, aber wunderbar schubsen und rollen. Verlegen Sie Ballspiele außerdem auf den Auslauf, wenn das Vorratslager weit weg ist.

? **Beim Auslauf steht ein großer Spielturm aus Holz im Zimmer, aber die Ratten sind nur am Bücherregal und den Schubladen der Kommode interessiert. Was kann daran so aufregend sein?**
Warum soll es bei Ratten anders sein als bei uns? Auf der anderen Seite des Zauns ist es immer viel interessanter als im eigenen Garten. Der Spielturm lässt sicher Rattenherzen höher schlagen. Wird er aber tagtäglich erkundet, birgt er bald keine Geheimnisse mehr. Wie viel aufregender ist da doch ein Bücherregal, das zum Klettern animiert und noch auf die Entdeckung wartet. Mit wenigen Handgriffen verleihen Sie Ihrem Spielturm neuen Glanz: Polstern Sie die Stockwerke weich aus, und verhängen Sie die Turmfenster mit Tüchern, weil Ratten sich gerne im Dämmerlicht aufhalten. Machen Sie der ganzen Mannschaft mit Futtersuchspielen im und rund um den Turm Beine.

? **Immer wieder lese ich, dass man mit seinen Ratten am besten abends spielt. Warum? Meine beiden Weibchen sind auch tagsüber hellwach und munter.**
Tipps zur Tierhaltung in Ratgeberbüchern oder Tiermagazinen gehen immer vom zu erwartenden Normverhalten aus. Und das heißt bei den dämmerungs- und nachtaktiven Ratten, dass sie am Abend besonders munter und bewegungsfreudig sind. Da sich aber gerade Ratten sehr schnell veränderten Lebensbedingungen anpassen können, richten sich heute viele in ihrem Tagesrhythmus nach dem Menschen: Sie sind fast immer für ein gemeinsames Spielchen zu haben. Für berufstätige Halter ist es trotzdem gut zu wissen, dass ihre Lieblinge hellwach sind, wenn sie abends nach Hause kommen. Wann immer Sie mit den Nagern spielen wollen: Wenn Sie sie mitten aus dem Schlaf reißen, machen Sie sich keine Freunde.

? **Meine Ratten können vom Baden gar nicht genug bekommen. Zwei lassen sich danach abtrocknen, eine wehrt sich aus Leibeskräften. Ich möchte verhindern, dass sie sich erkältet. Was tun?**
Es ist ein Vertrauensbeweis, wenn Ihre Ratten die Prozedur mit dem Handtuch über sich ergehen lassen. Nicht jede ist bereit dazu, und Sie sollten sie dann auch nicht bedrängen. Sorgen Sie dafür, dass die Ratte ihr Fell nach dem Bad an einem warmen, vor Zugluft geschützten Platz pflegen kann, eventuell unter einer Rotlichtlampe (genügend Abstand halten). Achten Sie auch darauf, dass das Badewasser handwarm ist.

? **Eine Ratte macht beim Auslauf nicht mit und bleibt im Käfig. Sie ist nicht krank. Was veranlasst sie dazu?**
Dafür kann es verschiedene Gründe geben: Ein neues oder scheues Tier hat Angst vor der fremden Umgebung; der Käfig gibt ihr Sicherheit. Ältere Ratten wiederum vermeiden oft die zusätzliche körperliche Anstrengung und halten währenddessen lieber Siesta. Vielleicht versteht sich die Ratte auch nicht so gut mit den anderen und ist froh, dass sie für einige Zeit alleine sein kann; in dem Fall sollten Sie Ursachenforschung betreiben. Zu guter Letzt kann es auch sein, dass das Tier bei früheren Ausflügen ein unangenehmes Erlebnis hatte.

? **Ich habe eine echt schmusesüchtige Ratte, die sich ständig von mir herumtragen lässt und nicht in den Käfig will. Was soll ich mit ihr machen?**
Kuschelmonster, die ihre Zuneigung unmissverständlich zeigen, sind bei Ratten nicht selten. Und auf einem wandelnden Kletterbaum ist es ja auch viel aufregender als im Käfig. Bremsen Sie die Liebe ein bisschen, indem Sie die Schmuseratte nur zu ganz bestimmten Zeiten aus dem Käfig holen.

Fortpflanzung und Aufzucht

Mit acht Wochen geschlechtsreif, sechs bis acht Würfe pro Jahr und sechs, zehn oder mehr Kinder pro Wurf: Mit ihrer Fortpflanzungsstrategie haben die Ratten alle Winkel der Erde besiedelt.

Paarungsverhalten und Trächtigkeit

Rattenweibchen sind alle vier bis sechs Tage empfängnisbereit und paaren sich mit mehreren Männchen. Die Chancen, dass sich Nachwuchs einstellt, stehen daher gut. Nach drei Wochen kommen die Jungen zur Welt – fast immer ohne Probleme.

LIEBE UND FÜRSORGE Die Rattenmutter kümmert sich aufopferungsvoll um ihre Kinder, verfrachtet sie bei zu viel Lärm und Hektik an einen ruhigeren Platz und verteidigt sie im Ernstfall wie eine Löwin. Die Fürsorge ist auch nötig, da die Jungen völlig hilflos zur Welt kommen: Neugeborene Ratten sind typische Nesthocker, sie sind nackt, blind und taub, nehmen nur Berührungen, Wärme und Gerüche wahr. Aber sie lassen die Kinderstube schnell hinter sich (→ Seite 120) und können sich schon mit sieben bis acht Wochen selbst wieder paaren.

Frühreif und fruchtbar

Wild lebende Rattenweibchen sind mit sieben bis acht Wochen, domestizierte zum Teil schon früher geschlechtsreif und bei einem Zyklus von vier bis sechs Tagen jeweils für 20 Stunden paarungsbereit. Bei einer Wurfgröße von durchschnittlich acht Jungen (zum Teil aber auch über 20) summieren sich die von einem Rattenpaar abstammenden Nachkommen rein rechnerisch auf 800 Kinder und Kindeskinder pro Jahr. In freier Natur hat nur ein geringer Prozentsatz der Jungtiere eine Überlebenschance. Bei gut gepflegt in menschlicher Obhut

lebenden Nagern würde die uneingeschränkte Fortpflanzung jedoch zur dramatischen Überpopulation führen. Auch wenn die Zucht reizvoll und die verschiedenen Farbschläge (→ Seite 24–29) ausgesprochen attraktiv sind: Mit Ratten sollten Sie nur züchten, wenn Ihnen vor Zuchtbeginn Zusagen von Welpenkäufern vorliegen. Unerwünschter Nachwuchs stellt sich schon häufig genug durch unachtsame Haltung ein. Mangels Abnehmer landen diese Jungtiere im Tierheim oder werden einfach ausgesetzt. Wer dieses Risiko bei der Zucht mit Ratten bewusst eingeht, handelt schlicht unverantwortlich.

Nachwuchs lässt sich am einfachsten verhindern, wenn nur gleichgeschlechtliche Tiere gehalten werden, zum Beispiel eine reine Weibchengruppe. ▶

Werbung und Paarung

▶ **1** **Paarungsvorspiel** Wenn das Rattenweibchen noch nicht paarungsbereit ist, läuft sie
immer wieder vor dem Männchen weg (rechts).

▶ **2** **Schnupperprobe** Der Rattenmann ist ein
höflicher Freier und verhält sich seiner Auserwählten gegenüber sehr rücksichtsvoll (Mitte).

▶ **3** **Schnelle Sache** Aufreiten und Begattung
dauern nur wenige Sekunden, die Paarung
wiederholt sich aber mehrfach (ganz rechts).

Zu jung für eigene Kinder

Mit sieben bis acht Wochen sind Rattenweibchen fortpflanzungsfähig – obwohl
sie nicht ausgewachsen und selbst noch
Kinder sind. Von Mutterschaft und Jungenaufzucht werden sie oft überfordert
oder wissen mit dem Nachwuchs nichts
anzufangen. Zuchtfähig sind sie im Alter
von zehn bis zwölf Wochen. Um Risiken
für Mutter und Kinder zu vermeiden,
sollte jedoch besser bis zum sechsten
Monat gewartet werden.

Unverhofft kommt oft

Unerwünschter Nachwuchs stellt sich
zuweilen schneller ein, als einem lieb ist:
▶ wenn Sie Weibchen gemeinsam mit
   unkastrierten Männchen halten,
▶ wenn die weiblichen und männlichen
   Jungen nicht rechtzeitig vor Erreichen
   der Geschlechtsreife getrennt werden
   (am besten nach der vierten Woche),
▶ wenn Sie unwissentlich ein trächtiges
   Weibchen kaufen.

Werbung und Paarung

Brünstige Weibchen signalisieren ihre
Paarungsbereitschaft, indem sie Sexual-
lockstoffe abgeben, die von den Männchen im Rudel wahrgenommen werden
und sie zur Werbung veranlassen.

Der Freier läuft hinterher

Zum Ritual des Paarungsvorspiels gehört es, dass der Rattenmann seiner
Auserwählten nachläuft, sie sich ihm zu
Beginn aber immer wieder entzieht und
ein kurzes Stück weiterläuft, um dann
stehen zu bleiben und sich zu vergewis-
sern, dass er ihr folgt. Dabei geht alles
höflich und ohne Rangelei ab. Schließlich beschnuppern sich beide gegenseitig
im Genitalbereich, das Weibchen bleibt
stehen und ist paarungsbereit.

Eine Sache von Sekunden

In typischer Körperhaltung präsentiert
das paarungswillige Weibchen mit
durchgedrücktem Rücken sein Hinterteil und legt den Schwanz zur Seite; das

Männchen reitet auf. Die Paarung selbst dauert nicht länger als ein paar Sekunden und wiederholt sich in den nächsten Stunden mehrfach: Ein Rattenmann kann es während dieser Zeit auf viele Sprünge bringen, gibt aber nur bei jeder 10. bis 15. Kopulation seinen Samen ab. Er putzt sich nach jedem Paarungsakt, das Weibchen nur dann, wenn es besamt wurde. Ist das Weibchen nicht mehr paarungsbereit, bildet sich ein Vaginalpfropf, der weitere Begattungen verhindert. Während der Paarung geben beide Tiere für unsere Ohren nicht wahrnehmbare Laute von sich. Diese signalisieren ihre Paarungsbereitschaft und sollen möglicherweise die übrigen Männchen des Rudels beschwichtigen.

Spielerisches Aufreiten

Auch untereinander reiten Männchen beziehungsweise Weibchen auf, was sich schon bei Jungtieren beobachten lässt. Ähnlich wie bei anderen Tierarten dürfte es Ausdruck eines dominanten Verhaltens sein. Auffällig ist dabei der häufige Rollentausch, der den vorwiegend spielerischen Charakter dieses gleichgeschlechtlichen Aufreitens unterstreicht.

Die Schwangerschaft

Die Tragzeit der Ratte beträgt 20 bis 24 Tage. Schwangerschaft kostet Kraft: Die werdende Mutter braucht hochwertiges, energiereiches Futter. Sie legt an Gewicht zu, und ihre Zitzen schwellen an.

> **TIPP**
>
> ### Auf Nummer sicher
>
> Am sichersten wird unerwünschter Kindersegen verhindert, wenn Sie gleichgeschlechtliche Gruppen halten. Ideal ist ein reines Weibchenrudel. In einer gemischten Gruppe müssen die Böcke kastriert sein. Achtung: Auch nach der Kastration sind die Männchen noch für einige Wochen zeugungsfähig (→ Seite 116).

Unbemerkt schwanger Manche tragenden Weibchen zeigen selbst wenige Tage vor der Geburt weder deutliche körperliche noch Verhaltensänderungen. Auch das eigentlich typische Nestbauverhalten tritt manchmal erst sehr spät auf. Beim Kauf von Tieren unbekannter Herkunft geht man daher immer das Risiko ein, sich unerwünscht trächtige Weibchen ins Haus zu holen.

Ein Platz fürs Nest Das Weibchen sucht sich für das Wurflager eine ruhige und dunklere Käfigecke aus. Weiches Papier (Küchenrolle) wird zum Auspolstern gerne akzeptiert. In dieser Phase sollte möglichst wenig im Käfig hantiert werden, weil die künftige Mutter an anderer Stelle mit dem Nestbau beginnt, wenn es ihr am vorher ausgewählten Platz zu unruhig ist. Einige Weibchen verhalten sich jetzt dem Menschen gegenüber merklich distanzierter, andere hingegen suchen sogar verstärkt seine Nähe.

WUSSTEN SIE SCHON, DASS …

… Böcke nach der Kastration noch zeugungsfähig sind?

Die Kastration einer Ratte stellt immer ein Risiko dar. Erwogen werden sollte der Eingriff nur, wenn er unumgänglich ist – etwa wegen fortgesetzter Aggressivität eines Männchens. Ansonsten ist die getrennte Haltung der Geschlechter der einfachere und risikolosere Weg, Nachwuchs zu verhindern. Wenn ein Rattenbock doch kastriert werden muss, sollte das frühestens mit drei und bei älteren Tieren spätestens mit 18 Monaten geschehen. Auf keinen Fall darf das Männchen direkt nach dem Eingriff zu den Weibchen gesetzt werden, da kastrierte Tiere noch für drei bis sechs Wochen zeugungsfähig bleiben. Nach der OP sollte das Männchen mit zusätzlichen Vitamin- und Mineralstoffgaben versorgt werden. Die Kastration des Weibchens ist noch aufwendiger als beim Bock. Ein Tierarzt wird sich zu dieser Maßnahme nur entschließen, wenn gesundheitliche Probleme (etwa eine Gebärmuttervereiterung) aufgetreten sind.

Alles unverändert Während der Tragzeit sollte das Weibchen im vertrauten Käfig und in seiner Gruppe bleiben. Der Umzug in ein eigenes Wochenbett würde die werdende Mutter sehr verunsichern. Befreundete Weibchen aus dem Rudel helfen dann später oft bei der Aufzucht der Jungen mit (»Tantenverhalten«).

Mehr Power für Mama Die Futterration für das trächtige Weibchen verdoppelt sich nahezu. Sie braucht energiereiche (kohlenhydrathaltige) Kost, zusätzliche Vitamine und Mineralstoffe, aber auch vermehrt tierisches Eiweiß. Säugende Rattenmütter haben dann nochmals einen deutlich höheren Energiebedarf.

Geburt und Aufzucht

Für die Rattenmutter sind die Geburt und die Kinderstube ein anstrengender Fulltimejob. Trotzdem kümmert sie sich ausdauernd und liebevoll um alle ihre Kinder, bis sie groß genug sind und sich selbst versorgen können.

MUTTER VON 100 KINDERN
Im Laufe ihres Lebens kann ein Rattenweibchen bis zu 15-mal Nachwuchs haben. Bei durchschnittlich acht Welpen pro Wurf wären das mehr als 100 Kinder für eine Mutter. Allerdings setzen die Züchter Tiere, die schon sechs- oder siebenmal Junge hatten, kaum mehr zur Zucht ein. Die kräftigsten und größten Würfe bringen sechs bis zwölf Monate alte Rättinnen zur Welt. In diesem Alter gibt es auch nur selten Geburtsprobleme.

Der Nachwuchs kommt

Wann die Geburt beginnt, lässt sich nicht immer eindeutig erkennen. Manche Tiere sind zwar sehr unruhig, andere verhalten sich aber fast normal. Unmittelbar vor der Niederkunft beleckt das Weibchen auffällig häufig ihre Zitzen, die Genitalien und den Bauch.

▸ Bei Ratten kommen die Jungen meist in der Nacht, manchmal auch früh am Morgen zur Welt.
▸ Je nach Welpenzahl dauert eine normale Geburt zwischen 20 Minuten und einer Stunde. Verzögert sie sich erheblich oder liegen zwischen den einzelnen Geburtsvorgängen lange Pausen, wird es problematisch. Oft genug ist die Mutter schließlich so geschwächt, dass sofortige Hilfe vom

Tierarzt nötig wird. Er sollte schon vorab informiert werden, falls eine Problemgeburt zu erwarten ist.
▸ Die Wurfgrößen können sehr unterschiedlich ausfallen. Durchschnittlich kommen acht Jungtiere zur Welt, es gibt aber auch Würfe mit nur vier und solche mit fast 20 Jungen.
▸ Während der ersten sieben Tage sollten Mutter und Kinder möglichst in Ruhe gelassen werden. Einen kurzen Blick auf die Neugeborenen dürfen Sie riskieren, wenn die frischgebackene Mutter einmal das Nest verlässt. Fassen Sie die Kleinen aber nicht an.

Rattenweibchen sind gute Mütter, die sich unermüdlich um den Nachwuchs kümmern. ▾

Die Mutter ist das große Vorbild: Was ihr schmeckt, schmeckt auch ihren Jungen.

Mutter mit Vollzeitjob

Die Rattenmutter ist in den ersten drei Wochen rund um die Uhr im Einsatz. Sie muss die Jungen säugen und warm halten, ins Abseits krabbelnde Welpen zurückholen und immer wieder die Bäuche mit der Zunge massieren, um die Verdauung anzuregen. Das Nest verlässt sie nur, um selbst ein Häppchen zu essen, einen Schluck zu trinken und ihr Geschäft zu erledigen.

Hilflose Kinder Als typische Nesthocker sind die winzigen, nur wenige Gramm schweren Neugeborenen völlig auf die Hilfe der Mutter angewiesen: Sie sind nackt, blind und taub und reagieren nur auf Wärme, Berührungs- und Geruchsreize. Der ständige Körperkontakt zu Mutter und Wurfgeschwistern ist für sie lebenswichtig, ansonsten zählt in dieser Zeit nur die Nahrung spendende Zitze.

Tatkräftige Tanten Manchmal erhält das Weibchen in ihrem anstrengenden Job Unterstützung von den anderen erwachsenen Weibchen der Gruppe: Die »Tanten« kümmern sich liebevoll um den Wurf, wenn die Mutter nicht da ist.

Die Milch macht's Wärme und Geruch zeigen den Welpen den beschwerlichen Weg zur mütterlichen Milchbar. Jedes Jungtier bevorzugt während der dreiwöchigen Säugezeit eine bestimmte Zitze. Die stärksten Welpen besetzen dabei die hintersten und ergiebigsten der insgesamt sechs Zitzenpaare.

Alarmruf Wenn ein Junges verloren geht, ruft es mit hohen Klagelauten nach der Mutter, die auf das Fiepen umgehend reagiert. Die schnelle Hilfe tut auch Not: Ein Welpe ohne Körperkontakt zu den Geschwistern kühlt innerhalb kurzer Zeit stark aus. Da die Thermoregulation nur unvollkommen funktioniert, kann sein Organismus die Körpertemperatur noch nicht konstant halten. Auch andere erwachsene Mitglieder des Rudels tragen aus dem Nest gefallene Welpen zurück.

Quartierwechsel Die Mutter verteidigt ihre Jungen gegen jedermann und reagiert auf Störungen meist ziemlich ungehalten. Erscheint ihr der Nestplatz nicht mehr sicher, zieht sie mit den Welpen sogar um. Dazu nimmt sie jedes Junge ins Maul und trägt es ins neue Quartier. Beim Transport fällt der Welpe in eine Tragstarre, die ihn selbst vor Verletzungen schützt und der Mutter den Umzug erleichtert.

Empfängnisbereit Unmittelbar nach der Geburt ist das Weibchen wieder empfängnisbereit. Dieser sogenannte Postpartum-Östrus hält rund 28 Stunden an. Biologischer Sinn: Der Nachwuchs soll gesichert werden, falls es beim Erstwurf Probleme oder Totgeburten gibt.

Rattenkinder
auf einen Blick

Nackt und hilflos ▶

Neugeborene Rattenkinder sind nackt und blind und völlig auf Mutters Fürsorge angewiesen (rechts). Der Körperkontakt untereinander spendet Wärme und vermittelt Geborgenheit (ganz rechts).

◀ Die Welt entdecken

Noch ist das Wurfnest der absolute Mittelpunkt der Kinderwelt (ganz links). Doch die jungen Ratten entwickeln sich schnell und starten schon bald zu ersten Ausflügen, um die aufregende neue Welt zu erkunden (links).

Gemeinsam stark ▶

Junge Ratten machen alles gemeinsam. Nur in der Nähe der Wurfgeschwister fühlen sie sich sicher und stark (rechts). Vertrauensbeweis: der erste Leckerbissen aus der Hand des Menschen (ganz rechts)

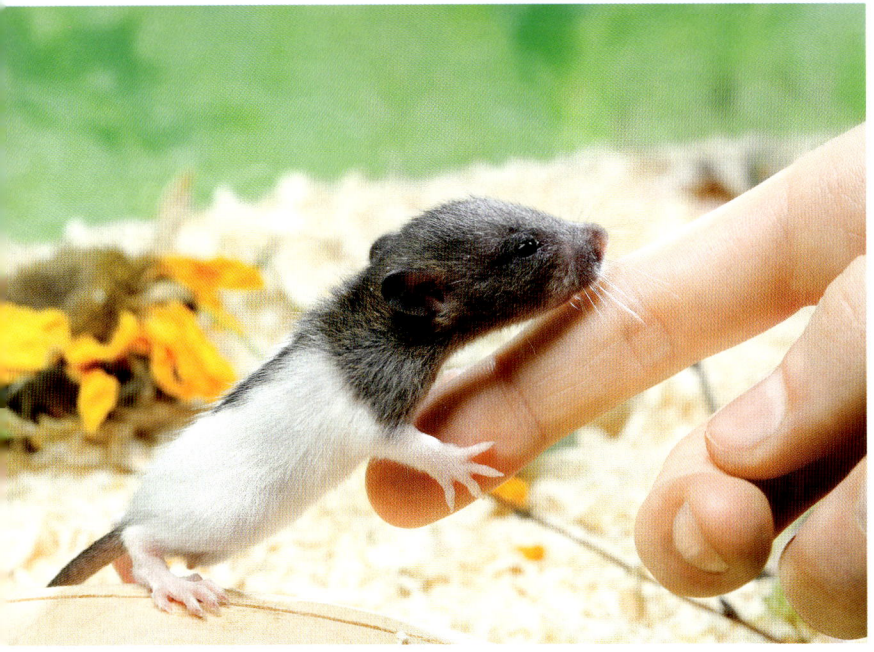

Duft verbindet: Noch völlig unbeholfen ist dieser vorwitzige Rattenzwerg. Da sein Geruchsvermögen aber gut entwickelt ist, kann man ihn schon in diesem zarten Alter an den Geruch des Menschen gewöhnen.

Im Schnellgang durch die Kinderstube

▸ Bei der Geburt wiegen die Welpen 5–6 g. Nach 14 Tagen sind es bereits 20 g, nach vier Wochen 60–80 g, im zweiten Monat bis zu 180 g, im dritten maximal 260 g.

▸ Die Haare wachsen ab dem zweiten Tag, die Zeichnung des Fells kann man schon am dritten Tag erkennen, mit 16 Tagen ist es voll entwickelt.

▸ Die Nagezähne (Schneidezähne) brechen zwischen dem achten und zehnten Tag durch, nach dem zwölften Tag öffnen sich die Ohren, zwei bis vier Tage später auch die Augen.

▸ Mit Beginn der dritten Woche spielen die Welpen miteinander; etwa vom 22. Tag an starten sie zu ersten Ausflügen.

▸ Nach drei bis vier Wochen werden sie von der Mutter kaum noch gesäugt und nehmen festes Futter zu sich.

▸ Mit acht Wochen, zum Teil auch früher, sind Ratten geschlechtsreif. Nach der vierten Woche sollte man Weibchen und Männchen trennen, aber jeweils für sich noch zusammen lassen.

▸ Selbstständig ist der Nachwuchs mit sechs bis sieben Wochen. Die Wachstumsphase der Jungen ist mit Ende des fünften Monats abgeschlossen.

▸ Zur Zucht einsetzen sollten Sie Ratten erst im Alter von sechs Monaten.

Geschlechtsbestimmung bei Jungtieren

So erkennen Sie das Geschlecht bei den Jungtieren:

▸ Welpen bis zur fünften Woche: Der Abstand von Penis zum After beim Männchen ist größer als der von Geschlechtsöffnung und Harnröhrenausgang zum After beim weiblichen Tier. Die sechs paarig angelegten Zitzen kann man auch bei den ganz jungen Weibchen schon deutlich sehen.

▸ Ab der fünften Woche: Männchen lassen sich jetzt leicht an den Hoden unterscheiden, die aus der Bauchhöhle in die Hodensäcke gewandert sind.

Der erste Schritt zum Vertrauen

In den ersten Tagen bleiben Mutter und Kinder unter sich. In der zweiten Woche dürfen Sie die Jungen sanft streicheln und auf die Hand nehmen – vorausgesetzt die Mutter hat keine Einwände. Dabei können Sie gleich die körperliche Verfassung der Tiere in Augenschein nehmen. Der frühe Kontakt mit den Welpen ist ein erster wichtiger Schritt, um sie an die Nähe des Menschen zu gewöhnen. Sobald feststeht, wer Bub und wer Mädchen ist, sollten Sie die Geschlechter vor allem bei großen Würfen mit einem Tupfer Lebensmittelfarbe am Schwanzansatz markieren. So lassen sie sich auf einen Blick unterscheiden.

Spiel ohne Grenzen

Junge Ratten sind sehr aktiv und spätestens ab der dritten Lebenswoche kaum zu bändigen. In wilden Verfolgungs- und Kampfspielen testen die Wurfgeschwister ihre Fähigkeiten und Fitness. Leider wissen sie nicht immer, wo ihre Grenzen sind, und bringen sich in Gefahr. So kann es durchaus passieren, dass eine halbwüchsige Ratte, die Sie auf der Hand halten, unvermittelt zum Sprung ansetzt. Damit der ungestüme Nachwuchs zumindest den Käfig nicht verlassen kann, muss dieser an der Innenseite des Gitters mit Maschendraht gesichert werden. Durch ein normales Käfiggitter zwängen sich die geschickten Winzlinge nämlich mit Leichtigkeit.

MEIN HEIMTIER

Persönlichkeitstest für Nachwuchskräfte

Wesensunterschiede zeigen sich bei Ratten schon im Kindesalter. Mit einfachen Versuchen können Sie testen, wer von den Jungen das Zeug zum Boss hat, wer lieber auf Distanz bleibt und wer sich von nichts und niemandem aus der Ruhe bringen lässt.

Der Test beginnt:
○ Stellen Sie ein neues Häuschen, in dem ein verführerischer Leckerbissen liegt, in den Käfig (ältere Tiere vorher umsetzen). Welches Jungtier wagt sich als Erstes in die fremde Hütte?
○ Wer testet eine neue Schaukel, und wer beobachtet die Aktionen nur aus der Distanz?
○ Stellen Sie ein den Ratten unbekanntes Y-Labyrinth im Zimmer auf, und legen Sie eine Belohnung ans Ende eines Schenkels. Welche Jungratte holt sie sich am schnellsten (Zeit stoppen)?

Mein Testergebnis:

Fragen zu
Paarung, Geburt und Aufzucht

? **Ich habe gelesen, dass die ungeborenen Jungen zurückgebildet werden und nicht zur Welt kommen, wenn die Rattenmutter unter Stress steht oder ständig gestört wird. Wozu ist das gut?**

Dieses Phänomen ist sicher die Ausnahme, aber unter extremen Verhältnissen kann es tatsächlich passieren, dass sich die Föten quasi auflösen und vom mütterlichen Organismus resorbiert werden. Das erweist sich dann als sinnvoll, wenn die Lebensbedingungen so schlecht sind, dass die Mutter selbst schon ums Überleben kämpfen muss und die Jungen unter keinen Umständen erfolgreich aufziehen könnte.

? **Wie alt sollten die Jungen sein, wenn sie abgegeben werden?**

Nach der vierten Lebenswoche sollten Männchen und Weibchen getrennt werden, weil sie mit acht Wochen geschlechtsreif werden und sich untereinander paaren würden. Theoretisch kann man Welpen also ab der fünften Woche abgeben. Für die gesunde Entwicklung ihres Sozialverhaltens ist es aber besser, wenn Sie damit noch etwas warten. Die jungen Böcke sollten noch etwa zwei Wochen zusammenbleiben, die Weibchen können auch auf Dauer gemeinsam gehalten werden oder bleiben noch bei ihrer Mutter.

? **Die trächtige Ratte eines Freundes hat weder ein Nest gebaut noch sich um die Neugeborenen gekümmert. War sie zu unerfahren?**

Der Nestbautrieb ist den Rattenweibchen angeboren. Wenn die werdende Mutter kein Nest baut, kann es daran liegen, dass sie keinen geeigneten Platz findet oder ständig gestört wird. In beiden Fällen macht sie aber zumindest den Versuch, Nestmaterial zu sammeln. Unerfahrene Erstgebärende verhalten sich manchmal ähnlich. Bei überzüchteten Tieren kommt es in seltenen Fällen vor, dass sie gar kein Nestbauverhalten zeigen und dann auch nicht wissen, was sie mit ihren Kindern anfangen sollen.

? **Immer wenn unsere Rattendamen in Paarungsstimmung sind, hüpfen sie ziemlich eigenartig im Käfig herum. Sollen damit die Männchen animiert werden?**

Die auffälligen Bewegungen und Körperdrehungen sind Teil des Werbungsverhaltens, mit dem das Weibchen den Rattenbock dazu auffordert, ihm zu folgen. Nach jeder Hüpfaktion läuft es nämlich weg, erwartet aber, dass er hinterherkommt. Dieses Spielchen kann sich mehrmals wiederholen, bis das Weibchen endlich stehen bleibt und mit ihrem in die Höhe gereckten Hinterteil signalisiert, dass es jetzt zur Paarung bereit ist. Da das ganze Vorspiel meist in den Nachtstunden passiert, bekommt es der Rattenhalter nur selten zu sehen.

Wie oft können die Rattenweibchen Kinder bekommen?

Wie vermehrungsfreudig Ratten sind, zeigt sich nicht nur in der großen Zahl der Jungen, sondern auch in bis zu 15 Schwangerschaften, die ein Weibchen im Laufe ihres recht kurzen Lebens durchmachen kann. Die beste Zeit der Mutterschaft mit dem gesündesten Nachwuchs liegt zwischen dem sechsten und zwölften Lebensmonat. Bei älteren Weibchen wird die inaktive Phase (Diöstrum) zwischen den einzelnen Paarungsbereitschaften zunehmend länger. Mit einem »Trick« sorgt die Natur im Übrigen dafür, dass unter ungünstigen Bedingungen (etwa bei zu hoher Bestandsdichte) keine Jungen zur Welt kommen: Das Rattenweibchen kann nämlich den Samen speichern und so auf bessere Zeiten für die Geburt warten. Bei wild lebenden Ratten spielt das durchaus eine wichtige Rolle, bei domestizierten Tieren kaum.

Entscheidet sich das Weibchen während seiner Brunst für einen bestimmten Freier?

Bei den Ratten gibt es keine festen Paare. Ein Weibchen wird während der relativ kurzen Brunstphase mehrmals von allen Männchen der Gruppe begattet. Da die Rattenböcke nur bei wenigen Sprüngen ihren Samen abgeben, steigt durch die »Vielmännerei« die Wahrscheinlichkeit, dass das Weibchen besamt wird.

Wir haben drei Jungtiere im besten Rabaukenalter, die so wild herumtollen, dass einem angst und bange wird. Wie kann ich sie vor Unfällen schützen?

Die ungestüme Jugendzeit ist typisch für Ratten. In den Jagd- und Verfolgungsspielen messen die Jungen ihre Kräfte und testen die Körperkoordination. So spielerisch die Rangeleien auch sind, kann man doch schon abschätzen, wer das Zeug zum Boss hat und wer eher ein stilles Wasser ist. Ansonsten kennen die Welpen bei ihren akrobatischen Aktionen kein Pardon und bringen sich mit tollkühnen Sprüngen und waghalsigen Kletterversuchen oft genug in Gefahr. In einem Käfig mit halbwüchsigen Ratten sollten mögliche Problemzonen entschärft werden: Die Einrichtung darf nicht zu großen Sprüngen verführen, unter den Kletter- und Balancierseilen verhindern Netze und Hängematten den freien Fall, die Etagenbretter sollten über die ganze Käfigbreite gehen.

Ab welchem Alter soll ich den Welpen festes Futter anbieten?

Die Mutter säugt die Jungen etwa drei Wochen. Am Ende der Säugezeit erkunden sie auch schon die Umgebung und nehmen am Fressnapf die ersten Kostproben. Der Übergang zum festen Futter verläuft fließend und klappt leichter, wenn Sie zusätzlich nicht allzu harte Nahrung (Brei, Joghurt) anbieten.

Was tun, wenn es Probleme gibt?

Ratten sind anpassungsfähig und zeigen nur selten ein »Fehlverhalten«. Probleme entstehen meist erst, wenn man ihre Ansprüche nicht genau kennt und sie deshalb nicht artgerecht hält.

Praxistipps für die häufigsten Probleme

Um Missverständnisse und Schwierigkeiten im Zusammenleben mit Ratten aus der Welt zu schaffen, müssen Sie die Situationen und Ursachen kennen, die zum unerwünschten Verhalten geführt oder die Tiere in eine Notlage gebracht haben.

NUR SCHEINBAR UNBEDEUTEND In vielen Fällen liegen die Ursachen und Auslöser für das unerwünschte Verhalten von Ratten klar auf der Hand. Sie können dann gezielt für Abhilfe sorgen. Gar nicht so selten reagieren die Nager aber auch auf kleine und scheinbar ganz nebensächliche Veränderungen der Haltungsbedingungen und der Lebensqualität. Und weil der Halter damit oft gar nicht gerechnet hat, kann er das seltsame Verhalten seiner Vierbeiner in manchen Fällen nicht verstehen. Zu guter Letzt darf man auch nicht vergessen, dass jede Ratte eine eigenständige Persönlichkeit ist, die ganz individuelle Gewohnheiten und Vorlieben hat.

Was tun bei ... Zoff im Rudel?

Situation Zwischen einzelnen Gruppenmitgliedern kommt es immer wieder zu Streitereien oder Verfolgungsjagden, die erst enden, wenn sich ein Tier in Sicherheit gebracht hat. Von außen lässt sich nur schwer beurteilen, wie ernst diese Auseinandersetzungen sind.
Ursache In einem alteingesessenen Rudel kennen sich die Ratten, und jede weiß genau, wie sie sich den anderen gegenüber verhalten muss. Zoff ist die

absolute Ausnahme. In einer neuen Gruppe kann es zwischen gleich starken Tieren (vor allem Männchen) so lange zu Kämpfen kommen, bis eines die Segel streicht und klein beigibt. Dramatischer ist die Situation, wenn eine neue Ratte ins Rudel kommt. Ihr fehlt der Rudelduft, sie wird als Eindringling betrachtet, attackiert und – falls keine Möglichkeit zur Flucht besteht – ernsthaft verletzt. Je nach Naturell verhält sich auch eine Rattenmutter mit Säuglingen den Artgenossen gegenüber abweisend.
Abhilfe Wenn bei zwei Widersachern der Streit immer wieder aufflammt und keiner sich geschlagen gibt, müssen die

Im Rattenrudel ▶ geht es fast immer friedlich zu. Trotzdem muss es im Käfig Rückzugsplätze geben, falls ein Tier für einige Zeit nicht am Gruppenleben teilnehmen will.

Kontrahenten getrennt werden. Oft aber sehen die Kämpfe wilder aus, als sie sind, und bald herrscht wieder Ruhe im Rudel. Eine neue Ratte darf nie direkt bei der Gruppe einziehen, beide Seiten müssen sich aneinander gewöhnen (→ Seite 62). Solange die Jungen das Nest noch nicht verlassen, braucht die Mutter Ruhe, »Tanten« sind willkommen, zudringliche Tiere müssen eventuell umziehen.

Abhilfe Nehmen Sie Häuschen und Verstecke aus dem Käfig, damit die Ratte sich nicht mehr verkriechen kann, und beginnen Sie mit dem Vertrauenstraining (→ Seite 58). Legen Sie ein getragenes Kleidungsstück (Socken oder Handschuh) in den Käfig, um das Tier an Ihren Geruch zu gewöhnen. Sobald die Ratte sich anfassen und auf die Hand nehmen lässt, können Sie sie auch unter den Pullover oder das Hemd setzen. Die Körperwärme und der dunkle Unterschlupf wirken beruhigend.

WUSSTEN SIE SCHON, DASS …

… der Kreislauf der Ratte auf Hochtouren läuft?

Die Herz der Ratte schlägt zwischen 250- und 400-mal pro Minute, in Extremsituationen (Stress, Panik) kann die Herzfrequenz sogar auf 450 Schläge steigen. Die Atemfrequenz beträgt 80–140 Atemzüge. Mit 36,5–37,9 °C liegt die Körpertemperatur nur wenig über der des Menschen. Der hochtourige Kreislauf ist mit verantwortlich dafür, dass Krankheiten oft schnell fortschreiten. Eine frühe Diagnose und Therapie sind daher für Ratten lebenswichtig.

Was tun … mit Angsthasen?

Situation Die Ratte versteckt sich, sobald der Halter ins Zimmer kommt, sie lässt sich nicht anfassen und verlässt ihren Unterschlupf nur, um sich ein paar Futterbrocken zu holen, mit denen sie sofort wieder verschwindet.
Ursache Typisches Verhalten bei neuen Ratten, die allem misstrauen und sich vor fremden Menschen, unbekannten Geräuschen und Gerüchen fürchten. Der Halter hat noch nicht versucht, ihr Vertrauen zu gewinnen.

Was tun … mit Beißern?

Situation Die Ratte setzt sich mit Bissen zur Wehr, wenn man sie anfassen oder hochheben will.
Ursache Schlechte Erfahrungen mit Menschen und ein ausgeprägtes Revierverhalten sind die häufigsten Ursachen der Aggressivität. Reagiert hingegen ein bisher friedliches Tier bissig, sobald Sie es anfassen wollen, ist das fast immer ein Zeichen, dass es sich nicht wohlfühlt und Schmerzen hat, die bei einer Berührung noch verstärkt werden.

Die meisten Problemsituationen lassen sich vermeiden,
wenn man **das Vertrauen der Ratte gewinnt**
und sie von sich aus die Nähe ihres Besitzers sucht.

Abhilfe Umwickeln Sie Ihre Hand mit einer Stoffbinde, die den Zähnen widersteht, und ziehen Sie eine getragene Socke (Eigengeruch) darüber. Das aggressive Verhalten schwächt sich meist ab, sobald die Ratte bemerkt, dass ihre Bisse keinerlei Wirkung zeigen. Bei Angstbeißern sind »vertrauenbildende Maßnahmen« (→ linke Seite) nötig. Berührungsschmerzen muss der Tierarzt auf den Grund gehen.

Was tun ... mit notorischen Ausbrechern?

Situation Die Ratte nutzt jede Schwachstelle des Käfigs und zwängt sich selbst durch kleinste Spalten und Öffnungen, um auf Entdeckungsreise zu gehen.
Ursache Ratten sind neugierige Wesen, verfügen über erstaunliche Körperkraft und besitzen einen ausgeprägten Erkundungstrieb. Die nicht ausreichend gesicherte Käfigtür oder eine instabile Futterklappe bleiben ihnen nur für kurze Zeit verborgen und werden dann so lange bearbeitet, bis sie nachgeben.
Abhilfe Achten Sie schon beim Käfigkauf auf passgenau verarbeitete und gut schließende Türen. Sichern Sie einfache Haken- oder Schnappschlösser eventuell zusätzlich mit einem Vorhängeschloss. Bei ausgewachsenen Ratten darf der Gitterabstand höchstens 15 mm (besser 12 mm) betragen, bei Jungtieren nicht mehr als 10 mm. Für sie empfiehlt sich ein engmaschiges Drahtgeflecht, das innen am Käfiggitter befestigt wird.

Was tun ... wenn eine Ratte entwischt ist?

Situation Während des freien Auslaufs im Zimmer verschwindet eine Ratte von der Bildfläche – und ihr Versteck lässt sich nicht aufspüren.
Ursache Die Freigänger interessieren sich für jede Spalte und jede dunkle Ecke. Manche Ratte richtet sich in einem als besonders behaglich eingestuften Unterschlupf häuslich ein und denkt nicht daran, zur »vereinbarten Zeit« wieder in den Käfig zurückzukehren.
Abhilfe Beugen Sie derartigen Versteckspielen vor, und machen Sie das Zimmer rattensicher (→ Seite 60). Mit diesen Maßnahmen lässt sich eine entwischte Ratte aus ihrem Versteck hervorlocken:

... und schon draußen: Ratten entdecken jede Schwachstelle und Lücke am Käfig.

▶ Halten Sie Leckerbissen vor die in-frage kommenden Schlupflöcher. Da die Nager immer erst nach dem Auslauf gefüttert werden, siegt in den meisten Fällen der knurrende Magen über die Lust am Höhlenleben.

▶ Wenn das Angebot verschmäht wird oder der Aufenthaltsort überhaupt nicht eingegrenzt werden kann, legen Sie Futterhäppchen mitten im Raum aus (eventuell auch in einem extra aufgestellten Häuschen) und verlassen das Zimmer vorübergehend. Geeignet ist Futter, das die Ratte an Ort und Stelle verzehren muss (Brei, Joghurt) und nicht in ihr Versteck schleppen kann.

▶ Bleibt das Tier auch jetzt noch verschwunden, legen Sie erneut Leckerbissen in das Häuschen, streuen Mehl um die Futterstelle und warten bis zum nächsten Morgen ab. Meist wagt sich die Ratte dann während der Nacht zum Fressen heraus, und ihre Fußspuren verraten das Versteck.

▶ Bei besonders hartgesottenen Flüchtlingen bleibt manchmal leider nichts anderes, als die Möbel wegzurücken.

Was tun ... bei Geburtsschwierigkeiten?

Situation Die Geburt der Jungen dauert bereits deutlich länger als eine Stunde, die Mutter ist sichtlich erschöpft, und die Pausen zwischen den einzelnen Geburtsvorgängen werden immer größer.
Ursache Eine Rattenmutter hat in der Regel sechs bis zwölf, nicht selten aber auch mehr (in Ausnahmefällen bis 20) Kinder. Speziell junge und unerfahrene Mütter kommen bei einer großen Welpenzahl an ihre physischen Grenzen, sodass ihnen schließlich die Kraft fehlt, alle Jungen zur Welt zu bringen.
Abhilfe Bei erfahrenen Müttern sind Geburtsprobleme selten, bei sehr jungen und erstgebärenden sollten Sie vor der Geburt sicherstellen, dass Ihr Tierarzt im Notfall erreichbar ist. Informieren Sie ihn sofort, wenn die Geburt über Gebühr lange dauert oder es zu unvorhergesehenen Komplikationen kommt.

Was tun ... mit unerwartetem Nachwuchs?

Situation Ein Weibchen bringt unerwartet und ungeplant Junge zur Welt. In manchen Fällen registriert der Halter die unerwünschte Schwangerschaft sogar erst wenige Tage vor der Geburt.
Ursache Das Weibchen ist schwanger, weil die Jungtiere nicht rechtzeitig nach Geschlechtern getrennt wurden; bei der

◀ *Brave Patientin: Nicht jede Ratte nimmt ihre Medizin so bereitwillig. Mit kleinen Tricks kommt man trotzdem zum Ziel (→ rechte Seite).*

Gemeinschaftshaltung von Weibchen und unkastrierten Männchen stellt sich unerwünschter Nachwuchs ein; beim Kauf eines Weibchen wurde nicht bemerkt, dass es bereits trächtig war.
Abhilfe Als Rattenhalter sollten Sie Sorge dafür tragen, dass der Nachwuchs nur in gute Hände kommt. Tierarzt, Tierschutzverein und Rattenvereine helfen Ihnen dabei gerne weiter. Einige Vereine haben für in Not geratene Ratten eine eigene Vermittlungsdatenbank eingerichtet, die Sie auch im Internet aufrufen können (→ Adressen Seite 141). Auf vielen anderen Internetseiten helfen Ihnen außerdem erfahrene Rattenhalter und Rattenfreunde mit wertvollen Praxistipps und wichtigen Kontaktadressen.

Was tun … wenn die Ratte die Medizin nicht nimmt?

Situation Tabletten, die unters Futter geschmuggelt werden, bleiben häufig unberührt; Flüssigmedizin wird nur geschluckt, wenn sie gut schmeckt.
Ursache Ratten haben ein feines Näschen. Auch wenn domestizierte Tiere weniger misstrauisch sind als wilde Ratten, sortieren sie fremde und weniger wohlschmeckende Futteranteile im Fressnapf zuerst einmal aus.
Abhilfe Zerstoßen Sie Tabletten zu Pulver, und vermischen Sie es mit Quark, Babybrei, Joghurt oder Fruchtbrei, um den Arzneigeschmack zu überdecken. Tropfen, die direkt von der Pipette nicht akzeptiert werden, können Sie ebenfalls unter Brei oder Quark mischen. Manchmal hilft auch das Verrühren mit etwas Marmelade. Alternative: Auf Zwieback (oder Keks) träufeln, in den die Flüssigkeit schnell einzieht.

CHECKLISTE

Die häufigsten Verhaltensprobleme

Für Verhaltensanomalien bei Ratten sind in den meisten Fällen unzureichende Haltungsbedingungen verantwortlich.

○ Aggressionen im Rudel gegenüber neuen Ratten; z. T. unter gleich starken Böcken.

○ Aggressives Verhalten gegenüber dem Halter bei scheuen und noch nicht eingewöhnten Tieren; zur Revierverteidigung.

○ Apathie bei unterdrückten Rudeltieren; oft aber auch Hinweis auf ernste Erkrankung.

○ Beißen aus Unsicherheit und Angst, aber auch bei Schmerzen. Sanfte Knabberbisse sind eine Zärtlichkeitsgeste.

○ Futterverweigerung bei Krankheit.

○ Intoleranz bei alten und schwachen Tieren gegenüber den anderen Rudelmitgliedern.

○ Selbstbeschädigung (Kratzen, Felllecken) bei Parasitenbefall, Stress, Stereotypien.

○ Stereotypien (→ Seite 132)

○ Unruhe und übersteigerte Motorik bei Stress, Parasitenbefall, Panik.

○ Verkriechen bei ängstlichen und noch nicht eingewöhnten Tieren.

○ Zähnewetzen bei Angst, Aggression, Schmerzen; kann aber auch Ausdruck des Wohlbefindens sein.

... und plötzlich ist anderes wichtiger

Über viele Monate haben sich die Kinder mit Hingabe und viel Liebe um ihre Ratten gekümmert. Doch mit zunehmendem Alter entwickeln sie neue Interessen und vernachlässigen die Pflege und Versorgung der Tiere. Notgedrungen müssen die Eltern einspringen, damit die Käfigbewohner nicht zu kurz kommen.

WENN DAS INTERESSE NACHLÄSST Lange Zeit waren die Kinder und die Ratten ein Herz und eine Seele. Die Nager standen im Mittelpunkt der Kinderwelt, sie sorgten für Gesprächsstoff unter Freunden und waren die besten Spielgefährten von allen. Jetzt aber entdecken die Heranwachsenden viel aufregendere Dinge.

Aus Kindern werden Leute

Es ist für die ganze Familie eine schwierige Zeit, wenn die Sprösslinge den Kinderschuhen entwachsen und in die Pubertät kommen. Sie wollen jetzt als Erwachsene ernst genommen werden und reagieren trotzig und aufsässig, wenn man sie immer noch wie Kleinkinder behandelt. Selbst die schönsten Spiele der Kinderzeit sind plötzlich tabu – und nicht selten gilt das auch für die tierischen Gefährten. Die Jugendlichen empfinden es als peinlich, wenn sie sich weiter mit »Kinderkram« abgeben sollen.

Harter Kurs hilft keinem

Befehle, Ausgehverbote oder der Entzug von Vergünstigungen bewirken jetzt wenig. Im Gegenteil: Verdonnert man seine Kinder gegen ihren Willen zur Tierpflege, stärkt das nur ihren Widerstand. Leiden müssen darunter letztlich die Käfigbewohner.

Ein Gespräch unter Erwachsenen

Wer die Interessen und Ansprüche seiner Kinder respektiert und sie wie gleichgestellte Erwachsene behandelt, hat schon halb gewonnen. So können Sie auch an ihr Verantwortungsgefühl und ihre Verpflichtung den Ratten gegenüber appellieren. Genehmigen Sie Ihren Kindern ein gesondertes monatliches Budget, das sie eigenständig verwalten dürfen und mit dem sie alle Ausgaben für die Versorgung und Pflege ihrer Schutzbefohlenen bestreiten.

Ratten per Mausclick

Für Kinder und Jugendliche sind Computer und Internet heute selbstverständlich und ein wichtiger Teil ihres Lebens. Über diese Schiene kann man auch das Interesse an den Heimtieren wach halten oder wiedererwecken. Im Internet gibt es unzählige Seiten, die sich mit Kleinsäugern und speziell mit Ratten beschäftigen. Viele Links laden zu Entdeckungsreisen in die abenteuerliche Welt der Nager ein. In Chatrooms können die Kinder mit anderen Rattenbesitzern Erfahrungen austauschen und erhalten wichtige Praxistipps. Ganz toll ist eine eigene Homepage, die sie selbst gestalten und auf der sie ihre Ratten der Internet-Community vorstellen können.

Was tun … wenn Besuch kommt?

Situation Besucher werden unvermittelt mit frei im Zimmer laufenden Ratten konfrontiert, reagieren abweisend und ungehalten oder geraten gar in Panik.
Ursache Menschen, die Ratten nicht kennen, reagieren sehr unterschiedlich auf den direkten Kontakt – auch wenn sie sonst keine Scheu vor Tieren haben.
Abhilfe Wenn Besuch kommt, bleiben die Ratten im Käfig. Interessieren die Gäste sich für die Nager, können sie ihr Verhalten hier am besten beobachten. Die Tiere selbst zeigen sich Fremden gegenüber im Schutz ihres Zuhauses viel aufgeschlossener und selbstbewusster.

Was tun … wenn die Hausbewohner protestieren?

Situation Die Hausbewohner haben erfahren, dass Sie Ratten halten. Sie beschweren sich beim Eigentümer und drängen ihn, die Haltung zu untersagen.
Ursache Ratten leiden nach wie vor unter einem schlechten Image. Viele Menschen ekeln sich vor ihnen und befürchten, dass die Nager sich überall einnisten und Krankheiten übertragen.
Abhilfe Die Rechtsprechung ist eindeutig: Von Ratten im Haus geht keine Belästigung der anderen Bewohner aus (→ Seite 57). Sprechen Sie mit den anderen Mietern, um ihnen das Wesen und Verhalten der Tiere nahezubringen und Ängste und Vorurteile abzubauen.

Was tun … wenn ich umziehen muss?

Situation Nach dem Umzug sind die Ratten scheu und nervös.
Ursache Die fremde Umgebung verunsichert die Tiere, beim Auslauf finden sie keine vertrauten Markierungen mehr.
Abhilfe Lassen Sie die Ratten in den ersten Tagen im Käfig, bis sie sich an die unbekannten Gerüche und Geräusche gewöhnt haben. Begrenzen Sie den Auslauf zunächst auf ein kleines Areal.

Nach einem ▶ *Umzug braucht es Zeit, bis sich die Ratten an die fremde Umgebung gewöhnen. Der enge Kontakt zu den vertrauten Menschen ist in dieser Zeit besonders wichtig.*

Wie lassen sich Stereotypien vermeiden?

Situation Die Ratte wiederholt ständig die gleichen Bewegungsabläufe und Verhaltensweisen. So neigen manche Tiere zum Beispiel dazu, auffallend häufig am Käfiggitter zu knabbern.

Ursache Verhaltensmuster, die mehrfach ablaufen, dem gleichen Muster folgen und nicht zielgerichtet sind, werden als Stereotypien bezeichnet. Die »Leerlaufhandlungen« sind typisch für Tiere, die sich nicht genügend bewegen oder beschäftigen können. Stereotypien zeigen sich in den unterschiedlichsten Formen, etwa im ausdauernden Belecken des Fells, im fortgesetzten Kopfpendeln oder im Jagen nach dem eigenen Schwanz. Nicht selten hat die Handlung Suchtcharakter und kann Krankheiten oder schwere Verhaltensstörungen auslösen.

Abhilfe Ratten sind anspruchsvolle Tiere, bei denen Körper und Köpfchen ständig gefordert werden müssen. Spiel- und Beschäftigungsangebote im Käfig, täglicher Auslauf und ein intensiver Kontakt mit dem Menschen schützen vor stereotypen Verhaltensweisen.

TIPP

Liebeserklärung mit den Ohren

Selbst mancher langjährige Rattenhalter weiß nicht, was es bedeutet, wenn eine Ratte ihre Ohren schnell hin- und herbewegt. Die Artgenossen im Käfig verstehen dieses Signal umso besser: Wer mit den Ohren wackelt, wandelt auf Liebespfaden und bekundet damit unmissverständlich seine Paarungsbereitschaft.

Wenn Ratten älter werden

Manche Ratten werden fünf oder sechs Jahre alt, die durchschnittliche Lebenserwartung domestizierter Tiere liegt jedoch bei zwei bis drei Jahren – immer noch höher als die ihrer wild lebenden Verwandten. Sichtbare Alterserscheinungen stellen sich meist ab dem 15. Lebensmonat ein, manchmal allerdings auch schon früher. Generell gilt für ältere Tiere: Die Bewegungsfreude lässt zunehmend nach, die Anfälligkeit für Infektionskrankheiten steigt, Wundheilungsprozesse verlangsamen sich.

Körperliche Altersmerkmale

▸ Allgemein: Die ältere Ratte wirkt insgesamt weniger athletisch, ihr Bauch ist nicht mehr rund, die Seiten sind häufig eingefallen, die Sitzhaltung ist stärker gekrümmt als die jüngerer Tiere. Typisch für sehr alte Ratten ist die Flankenatmung.

▸ Fell: zunehmend struppiger, vor allem wenn die Pflege vernachlässigt wird.

▸ Haut: anfälliger für Schorfbildung, Ekzeme, Tumoren und andere Veränderungen des Gewebes.

▸ Augen: Linsentrübung; nachlassende Sehkraft bis zur völligen Erblindung.

▸ Mund und Rachen: verstärkt anfällig für Entzündungen und Geschwüre.

▸ Zähne: übermäßiges Wachstum der Nagezähne, wenn die Tiere weniger harte Nahrung aufnehmen und die Zähne nicht genügend abgenutzt werden; oft aber auch Folge von Entzündungen des Rachenraums.

▸ Krallen: unzureichende Abnutzung wegen eingeschränkter Bewegung.

▸ Körpergewicht: Gewichtsverlust bei nachlassendem Appetit und durch unvollständige Nahrungsverwertung.

Verhaltensänderungen im Alter

▸ Mobilität: Die Bewegungsfreude lässt nach, ältere Tiere spielen und klettern seltener und verzichten immer öfter auch auf den Freilauf.

▸ Neugier: Manche Senioren zeigen an Veränderungen im Käfig und neuem Spielzeug kein großes Interesse mehr und kommen seltener zur Begrüßung des Menschen ans Käfiggitter.

▸ Gruppenleben: Ständiger Umgang mit jüngeren und aktiveren Artgenossen strengt an; die alten Ratten sondern sich häufiger von der Gruppe ab.

▸ Toleranz: Auf Störungen durch ihre Artgenossen oder den Menschen während der Ruhezeiten und beim Fressen reagieren ältere Ratten meist deutlich unwilliger als jüngere Tiere. Je nach Naturell kann das auch zu aggressivem Verhalten und Abwehrbeißen führen.

Eine Wohnlandschaft mit vielen Beschäftigungsmöglichkeiten schützt vor Stereotypien (→ linke Seite).

▸ Erholungsphasen: Die Schlaf- und Ruhezeiten werden länger.

▸ Kontaktverhalten: Viele ältere Tiere werden verschmuster und suchen häufiger die Nähe des Halters, einige gehen allerdings auch auf Distanz.

▸ Futteraufnahme: Appetitverlust ist ein typisches Symptom bei alten Tieren. Noch gravierender ist in vielen Fällen die eingeschränkte Flüssigkeitsaufnahme. Sie belastet den Organismus stark und stellt ein großes Gesundheitsrisiko dar.

▸ Nachwuchs: Bei älteren Müttern steigt das Risiko für Totgeburten und andere Geburtsprobleme. Zudem sind die Weibchen mit der Jungenaufzucht oft überfordert.

Wie alt sind meine Ratten?

Bei vielen Ratten zeigen sich die ersten Alterserscheinungen ab dem 15. Lebensmonat. Doch die individuellen Unterschiede sind groß. Mit diesen Tests können Sie herausfinden, welche Ihrer Ratten schon das Seniorenalter erreicht haben.

Der Test beginnt:

○ Bewegungsfreude: Klettert die Ratte häufiger über die Treppe nach oben als am Seil?
○ Neugier: Lässt ihr Interesse an neuen Spielsachen und anderen Objekten im Käfig nach?
○ Kontakt: Kommt sie nicht mehr sofort ans Käfiggitter, um Sie zu begrüßen?
○ Ruhebedürfnis: Bleibt sie öfter und länger in ihrem Schlafhäuschen als früher?
○ Gruppenleben: Sondert sie sich immer häufiger von ihren Artgenossen ab?

Mein Testergebnis:

Mit viel Liebe und Fürsorge

So erleichtern Sie einer älteren Ratte das Leben und sorgen dafür, dass sie sich bei Ihnen wohlfühlt und auch im hohen Alter gesund bleibt:

▸ Kuschelnähe: Viele ältere Tiere suchen den engen Kontakt zum Menschen und sind geradezu »schmusesüchtig«.
▸ Fitnessschlaf: Störungen während der Ruhezeiten sollten jetzt unbedingt vermieden werden. Bieten Sie den Senioren Extra-Schlafhäuschen an.
▸ Essen und Trinken: Platzieren Sie zusätzliche Futter- und Trinknäpfe an geeigneten Stellen im Käfig.
▸ Sicherheit: Sitzknoten im Kletterseil erleichtern den Aufstieg, Netze unter Balancierseilen und Geländer an den Treppen schützen vor Abstürzen.

▸ Stressfrei: Schützen Sie die Oldies vor Hektik und lauten Geräuschen; hantieren Sie nicht ständig im Käfig.
▸ Vertraute Umgebung: Häufiger Umbau oder Austausch der Einrichtung verunsichert alte Tiere sehr viel mehr als die jüngeren.
▸ Abschied nehmen: Wenn die ältere Ratte nur noch teilnahmslos in einer Ecke sitzt, sichtbar Schmerzen hat und ihr das Leben zur Qual geworden ist, sollten Sie ihr Leiden nicht verlängern und sie vom Tierarzt sanft einschläfern lassen.

Ganz Auge, Ohr und Nase: Mit hellwachen Sinnen reagieren Ratten auf alles, was in ihrer Umgebung passiert. ▸

Tiersitter-Pass

Sie wollen in Urlaub fahren, und ein Tiersitter kümmert sich um Ihre Lieblinge?
Auf dieser Seite können Sie alles aufschreiben, was die Urlaubsvertretung
wissen muss. So sind Ihre Ratten bestens versorgt, und Sie können Ihren Urlaub unbeschwert und in vollen Zügen genießen!

Meine Ratten heißen:

So sehen Sie aus:

Das schmeckt ihnen:

täglich in dieser Menge:

einmal pro Woche in dieser Menge:

Leckerchen für zwischendurch:

Das trinken sie:

Die richtigen Fütterungszeiten:

Das Futter wird aufbewahrt:

Hausputz:

Das wird täglich gesäubert:

Wöchentlich reinigt man:

Diese Streicheleinheiten lieben sie:

Wie man sie toll beschäftigen kann:

Das mögen sie gar nicht:

Was meine Ratten nicht dürfen:

Das ist außerdem wichtig:

Das ist ihr Tierarzt:

Meine Urlaubsadresse und mein Telefon:

REGISTER

Die **halbfett** gesetzten Seitenzahlen verweisen auf Abbildungen.

VERBÄNDE UND VEREINE

Verein der Rattenliebhaber und -halter in Deutschland e. V. (VdRD), Postfach 150324, 60063 Frankfurt, www.vdrd.de, E-Mail info@vdrd.de Notfallvermittlung von Ratten unter Notratz@vdrd.de Mit rund 600 Mitgliedern und über 30 Regionalgruppen der größte Rattenverein in Deutschland.

Club der Rattenfreunde CH, Tierschutzorganisation im Schweizer Tierschutz STS, www.rattenclub.ch

Deutscher Tierschutzbund e. V., Baumschulallee 15, 53115 Bonn, Tel. 0228/604960, Fax 0228/6049640, www.tierschutzbund.de, bg@tierschutzbund.de

Österreichischer Tierschutzverein, Kohlgasse 16, 1050 Wien, Tel. 0043/1/8973346, www.tierschutzverein.at

Schweizer Tierschutz (STS), Dornacher Str. 101, 4008 Basel, Beratung unter Telefon 0041/61/3659999, www.tierschutz.com

Tierärztliche Vereinigung für Tierschutz (TVT), Geschäftsstelle Bramscher Allee 5, 49565 Bramsche, www.tierschutz-tvt.de, E-Mail geschaeftsstelle@tierschutz.de

Hier finden Sie Tierärzte in Ihrer Nähe

Bundesverband praktizierender Tierärzte e. V. (bpt), Online-Tierärzteverzeichnis unter www.smile-tierliebe.de

Gesellschaft für ganzheitliche Tiermedizin e. V. (GGTM), www.ggtm.de Die GGTM vermittelt Tierärzte, die auf der Basis von Naturheilverfahren arbeiten.

Adressen von Tierärzten, die Erfahrung in der Behandlung von Kleinsäugern haben, erhalten Sie auch vom VdRD (→ Anschrift links). Anfragen unter info@vdrd.de. Bitte Angabe des eigenen Wohnorts nicht vergessen.

Fragen zur Haltung von Ratten beanworten

Ihr Zoofachhändler und der **Zentralverband Zoologischer Fachbetriebe Deutschlands e. V. (ZZF),** Tel. 0611/44755332, Mo 12–16 Uhr, Do 8–12 Uhr (nur telefonische Auskunft), www.zzf.de

Adressen im Internet

www.rattenmania.de Infos zur Biologie, Haltung und Gesundheit, Rats and Fun, Comics und vieles mehr **www.my-tiere.de** Infos, Tipps zu Haltung und Pflege, Gesunderhaltung, Tierheime

www.rattenparadies.com Käfige, Haltung, Gesundheit, Lustiges rund um Ratten **www.rattenwelt.de** Infos und Tipps rund um artgerechte Haltung von Farbratten, Rattenchat und Rattenforum **www.rattenforum.de** Infos zu artgerechter Haltung, Rattenvermittlung, Tierarztsuche **www.rattz.de** Verhalten, Farbschläge, Haltung, Gesundheit **www.rattenzauber.de** Rattenquiz, Bildergalerie, Ratten in Not **www.diebrain.de** Anschaffung, Haltung, Ernährung etc. **www.ratside.de** Zähmung, Ernährung, Krankheiten, Chatroom, Literatur

Weitere Adressen und Foren **www.nagetierforum.de** Forum für Nagetiere, Exoten, Haustiere **www.haustier-anzeiger.de** Kleinanzeigen zu Haustieren **www.deine-tierwelt.de** Kleinanzeigen, Urlaubsbetreuung

Lokale Rattenvermittlung **www.ratten-in-not.de** für den Großraum Stuttgart **www.rattenbande.net** für Jena, Leipzig, Halle, Salzgitter **www.engelratte.ws24.cc** für den Großraum Frankfurt **www.ratten-asyl.de** Dresden, Kitzingen, Friedrichshafen **www.rattenhausen.de** für Berlin und Brandenburg

ZEITSCHRIFTEN

Rodentia *Fachmagazin über Kleinsäuger.* Natur und Tier Verlag, Münster, www.ms-verlag.de

Tierfreund *Tierzeitschrift.* Sailer-Verlag, Nürnberg, www.sailer-verlag.de

Ein Herz für Tiere *Tierzeitschrift.* Gong Verlag, Ismaning, www.herz-fuer-tiere.de

BÜCHER, DIE WEITERHELFEN

Gerber R.: *Nagetiere Deutschlands.* Nachdruck von 1952. Westarp Wissenschaften, Hohenwarsleben

Ludwig, G.: *Ratten.* Gräfe und Unzer Verlag, München

Oechler, S.: *Ratten.* Natur und Tier Verlag, Münster

Olbrich, E./Otterstedt, C.: *Menschen brauchen Tiere.* Franck-Kosmos Verlag, Stuttgart

Rauth-Widmann, B.: *Ratten, Mäuse und Rennmäuse als Heimtiere.* Oertel + Spörer Verlag, Reutlingen

DIE FOTOS

Die Abbildungen auf der Umschlagvorder- und -rückseite sowie im Innenteil zeigen:
Umschlagvorderseite: grau-weiße Schecke
Vordere Klappe außen: oben: junge grau-weiße Schecke, unten: Cinnamon.
Vordere Klappe innen: linke Seite: rechts oben: grau-weiße Schecke, Kreis: Barebeck, links unten: Husky; rechte Seite: links oben: zwei junge grau-weiße Schecken, Kreis: Husky, links unten: Self dunkelgrau, rechts unten: Husky und grau-weiße Schecken.
Hintere Klappe außen: der Autor, Gerd Ludwig
Hintere Klappe innen (von links nach rechts): Bareback, zwei junge Huskys, grau-weiße Schecke, Black Eyed White.
Umschlagrückseite: grau-weiße Schecke.
Innenteil: Seite 6: junger Husky; S. 30: junger Husky und junge grau-weiße Schecke; S. 48: junge Creme Self; Seite 66: grau-weiße Schecken und Hooded (mitte); S. 78: Husky und grau-weiße Schecken; Seite 96: grau-weiße Schecke; Seite 112: junge Bareback; Seite 124: Husky (stehend) und grau-weiße Schecke.
Poster: zwei junge grau-weiße Schecken.

Wichtige Hinweise

Im Umgang mit Ratten kann es durch Bisse und Kratzen zu Verletzungen kommen, die man vom Arzt behandeln lassen sollte. Wenn Sie allergisch auf Tierhaare reagieren, sollten Sie vor dem Kauf einer Ratte unbedingt Ihren Arzt befragen. Um lebensgefährliche Stromschläge zu vermeiden, dürfen beim Zimmerauslauf der Nager keine elektrischen Leitungen frei liegen, die von den Tieren benagt werden können.

Freude am Tier

GU Mein Heimtier – da steckt mehr drin

ISBN 978-3-7742-8834-8
144 Seiten, mit Poster

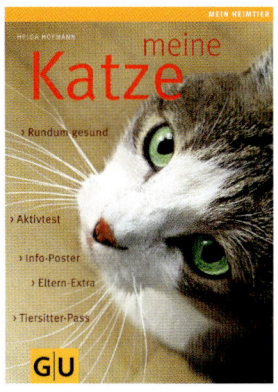

ISBN 978-3-8338-0597-4
144 Seiten, mit Poster

ISBN 978-3-8338-0153-2
144 Seiten, mit Poster

ISBN 978-3-8338-0060-3
144 Seiten, mit Poster

Preis je Band: **12,90 €** [D]

Änderungen und Irrtum vorbehalten.

Das macht sie so besonders:

Praxiswissen vom Experten – bestens informiert

Aktivtest Mein Heimtier – lernen Sie Ihr Tier verstehen

Info-Poster – liebevolle Gedächtnisstütze

Willkommen im Leben.

Der Autor

Dr. Gerd Ludwig ist freier Journalist und Zoologe. Für den Gräfe und Unzer Verlag hat er Praxisratgeber zur Haltung von Hunden, Katzen und Ratten geschrieben.

Die Fotografin

Regina Kuhn ist freie Fotodesignerin und arbeitet seit vielen Jahren als Bildautorin im Bereich Heimtierfotografie. Ihre Tierbilder erscheinen in vielen renommierten Buchverlagen und Zeitschriften. Daneben betreut sie Kalender und Werbeproduktionen.

Alle Fotos in diesem Buch stammen von Regina Kuhn mit Ausnahme von:
Getty: S. 8-1, 8-2, 9, 11.

Dank

Autor und Verlag danken Herrn Prof. Dr. Harald Schliemann, Hamburg, für Detailinformationen und die Überprüfung der Angaben zur Biologie der Ratten.

Verlag und Fotografin danken für ihre Unterstützung:
Rebekka Lehmann, Herleshausen;
Camilla Kruidbos, Saasveld;
Annika Schulz, Herleshausen;
Tierzucht Renate Triesch, Zaunröden;
Zoo & Angler Center, Eisenach.

Leitende Redaktion:
Anita Zellner
Redaktion:
Nadja Harzdorf
Lektorat:
Sylvie Hinderberger
Bildredaktion:
Adriane Andreas
Umschlaggestaltung:
independent Medien-Design
Innenlayout: independent Medien-Design
Satz: Christopher Hammond, München
Herstellung:
Susanne Mühldorfer
Repro: Longo AG, Bozen
Druck und Bindung:
Druckhaus Kaufmann, Lahr

ISBN 978-3-8338-1174-6

1. Auflage 2008

GRÄFE UND UNZER

Ein Unternehmen der
GANSKE VERLAGSGRUPPE

DAS ORIGINAL · MIT GARANTIE

GU

Unsere Garantie

Alle Informationen in diesem Ratgeber sind sorgfältig und gewissenhaft geprüft. Sollte dennoch einmal ein Fehler enthalten sein, schicken Sie uns das Buch mit dem entsprechenden Hinweis an unseren Leserservice zurück. Wir tauschen Ihnen den GU-Ratgeber gegen einen anderen zum gleichen oder ähnlichen Thema um.

Liebe Leserin und lieber Leser,

wir freuen uns, dass Sie sich für ein GU-Buch entschieden haben. Mit Ihrem Kauf setzen Sie auf die Qualität, Kompetenz und Aktualität unserer Ratgeber. Dafür sagen wir Danke! Wir wollen als führender Ratgeberverlag noch besser werden. Daher ist uns Ihre Meinung wichtig. Bitte senden Sie uns Ihre Anregungen, Ihre Kritik oder Ihr Lob zu unseren Büchern. Haben Sie Fragen oder benötigen Sie weiteren Rat zum Thema? Wir freuen uns auf Ihre Nachricht!

Wir sind für Sie da!
Montag – Donnerstag:
8.00 – 18.00 Uhr;
Freitag: 8.00 – 16.00 Uhr
Tel.: 0180 - 5 00 50 54★ *(0,14 €/Min. aus dem dt. Festnetz/
Fax: 0180 - 5 01 20 54★ Mobilfunkpreise
E-Mail: können abweichen.)
leserservice@graefe-und-unzer.de

P.S.: Wollen Sie noch mehr Aktuelles von GU wissen, dann abonnieren Sie doch unseren kostenlosen GU-Online-Newsletter und/oder unsere kostenlosen Kundenmagazine.

GRÄFE UND UNZER VERLAG
Leserservice
Postfach 86 03 13
81630 München